数字媒体应用型系列教材

Flash 精选项目制作应用

主　　编◎张莉莉　莫新平　赵　楠

副 主 编◎万君芳　杨盛芳　杨德超

　　　　　宋新玲　高　娟

总 主 编◎孔宪思

执行主编◎庞玉生

数字媒体应用型系列教材编委会

前言

preface

近年来，国家相继出台和实施了一系列扶持、促进文化及动漫产业发展的政策措施，中国文化与动漫行业的发展呈现出越来越喜人的局面。文化与动漫产业的发展，都离不开数字媒体技术的支撑。然而，数字媒体课程教育模式和企业需求人才教育问题也日渐凸显，为探索解决这一系列问题，由行业协会组织的文化传媒企业和动漫企业专家及全国部分职业院校共同研发了《数字媒体职业教育人才培养方案》，并在此基础上进行了数字媒体应用型系列教材的合作编撰。

该系列教材根据职业教育的实际需要，以企业所需人才为导向，着眼于培养学生的动手能力，通过企业的实例项目，加强技能训练，积极探索高职院校“现代学徒制下的项目教学”人才培养新模式。

目前，Flash 软件是中国使用最为广泛的二维动画软件。我国很多院校和培训机构的艺术专业，都将 Flash 作为一门重要的专业课程来满足企业对人才在基本技能方面的需求。

本书以 Flash 的主要功能为线索，“遵循学习规律、强调实践实效、突出创业特色、发展创意文化”为指导思想，以项目案例工作过程为向导，结合理论知识、实践技能操作和职业素养为一体完成编写。本书结合软件项目实训步骤与知识点，力求做到方便、简明、实用。在编排上，采用了循序渐进的方式，由简到难。按照认知规律，把大项目分解成为若干个子项目，并把基础知识穿插于若干个子项目中，让读者在完成子项目的过程中，学习知识和技能，最终实现理论与实践的完美融合。本书项目实训步骤详实、语言简洁，并以图片和图标的形式对文字进行辅助说明，图文并茂，增强了可读性和直观性。

为使读者具备实战能力，根据项目中所讲述的知识点，有针对性地设计了若干项目拓展内容，帮助读者更好地掌握前面已学过的内容。

本书是由文化创意企业一线技术人员和多年在职业院校从事本课程教学的教师共同编写，编写过程中以大量的企业实际项目资料为案例，以实际制作过程为编写线索，并在多位专家的指导意见和建议下完成。

在此，向为本书贡献编写智慧、提供项目案例、付出艰辛劳动的所有企业和编写人员表示衷心的感谢！向提出宝贵意见的同行、专家致以崇高的敬意！由于编者水平有限，书中难免存在错误和不足，恳请读者批评指正！

编 者

2017 年 5 月

目录

CONTENTS

第一章　Flash 基础知识 ………………………………………… 1

第一节　时间轴面板 ………………………………………… 1

第二节　舞台、工作区、场景 ………………………………………… 3

第二章　卡通形象在 Flash 中的绘制应用 ………………………………………… 8

第一节　常用工具 ………………………………………… 8

第二节　卡通形象绘制 ………………………………………… 14

第三节　项目拓展 ………………………………………… 24

第三章　逐帧动画——语文课件的制作 ………………………………………… 26

第一节　帧 ………………………………………… 26

第二节　逐帧动画制作原理 ………………………………………… 28

第三节　逐帧动画的分类 ………………………………………… 29

第四节　课件制作 ………………………………………… 31

第五节　项目拓展 ………………………………………… 46

第四章　电子儿歌——补间动画的制作 ………………………………………… 48

第一节　元件和实例 ………………………………………… 48

第二节　补间动画 ………………………………………… 50

第三节　《颜色歌》电子儿歌的制作 ………………………………………… 54

第四节　项目拓展 ………………………………………… 66

第五章 遮罩动画——公益广告制作 …… 68
第一节 遮罩层基础与遮罩动画应用 …… 68
第二节 “珍惜时间”公益广告——遮罩动画制作 …… 69
第三节 项目拓展 …… 107

第六章 引导线动画——网络 BANNER 制作 …… 109
第一节 引导线动画基础 …… 109
第二节 引导线动画应用 …… 110
第三节 网络 BANNER …… 112
第四节 项目拓展 …… 128

第七章 短片制作 …… 129
第一节 项目介绍 …… 129
第二节 项目实施 …… 131
第三节 项目拓展 …… 172

后记 …… 173

第一章　Flash基础知识

随着计算机多媒体技术的发展，视频网站和 QQ、微信等社交媒体成为数字媒体发展的新方向。Flash 作为数字媒体内容的生产制作工具，已被越来越多的数字媒体生产者和爱好者选用。Flash 动画的制作已呈现多元化发展的趋势，为此，使用 Flash 制作动画供网络传播是不可多得的工具之一。

打开任一版本的 Flash 软件后，会发现在这个界面中有很多区域，这些区域分工不同，其功能也不尽相同。

第一节　时间轴面板

Flash 时间轴主要功能是用来进行控制动画的，时间轴用于组织和控制画面文档等内容在一定时间内播放的图层数和帧数。根据功能的不同，时间轴窗口分为左右两部分，分别为层控制区和时间线控制区，如图 1-1 所示。

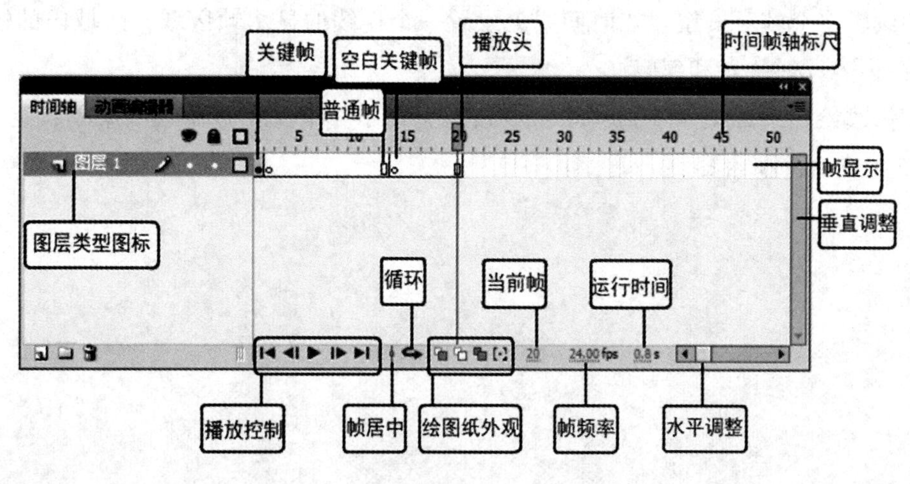

图 1-1

1. 层控制区

层控制区位于时间轴的左侧。层就像堆叠在一起的多张幻灯胶片一样，每个层都包含一个显示在舞台中的不同图像。在层控制区中，可以显示舞台上正在编辑作品的所有层的名称、类型和状态，并可以通过工具按钮对层进行操作。层控制区按钮的基本功能如下。

“新建图层”按钮：增加新层。

“新建文件夹”按钮：增加新的图层文件。

“删除”按钮：删除选定层。

“显示或隐藏所有图层”按钮：控制选定层的显示/隐藏状态。

“锁定或解锁所有图层”按钮：控制选定的锁定/解锁状态。

“将所有图层显示为轮廓”按钮：控制选定层的显示图形外框/显示图形状态。

2. 时间线控制区

时间线控制区位于时间轴右侧，由帧、播放头和多个按钮及信息栏组成。与胶片一样，Flash 文档也将时间长度分为帧。每个层中包含的帧显示在该层的右侧的一行中，时间轴顶部的时间轴标题指示帧编号，播放头指示舞台中当前显示的帧，信息栏显示当前帧位置的运行时间等信息。时间线控制区按钮的基本功能如下。

“帧居中”按钮：将当前帧显示到控制区窗口中间。

“绘图纸外观”按钮：在时间线上设置一个连续的显示帧区域，区域内的帧所包含的内容同时显示在舞台上。

“绘图纸外观轮廓”按钮：在时间线上设置一个连续的显示帧区域，除当前帧外，区域内侧的帧所包含的内容仅显示图形外框。

“编辑多个帧”按钮：在时间线上设置一个连续的显示帧区域，区域内的帧所包含的内容同时显示和编辑。

“修改绘图纸标记”按钮：单击该按钮会显示一个多帧显示选项菜单，定义 2 帧、5 帧或全部帧内容。

第二节 舞台、工作区、场景

场景可以看作是舞台的容器，构成 Flash 动画的所有元素都被包含在场景中。场景在 Flash 动画中是不可缺少的，一个场景可以是一个独立的动画。一个 Flash 动画至少由一个场景组成，也可以由多个场景组成。场景是所有动画元素的活动场所，如图 1–2 所示。

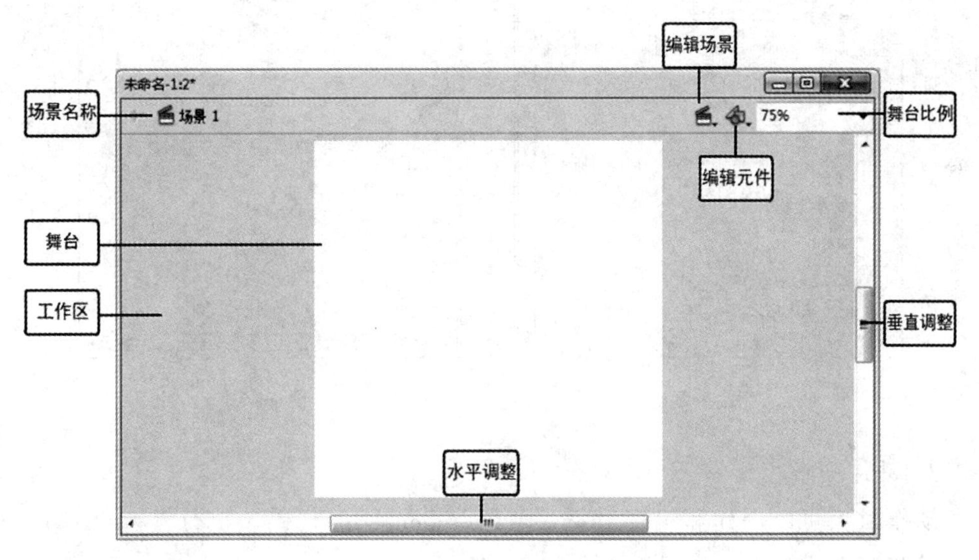

图 1–2

舞台是用户编辑场景和编辑动画内容的地方。切换场景后舞台显示的就是对应场景的内容。其默认状态是一个白色的画布状态，导出的视频内容只有在舞台上出现的部分才能看到。

工作区是标题栏下的全部区域，包含了各个面板和舞台以及窗口背景区等元素，下面介绍一下各个面板。

1. 属性面板

使用属性面板可以快速访问到舞台或时间轴上当前选定项的常用属性。用户可以在属性面板上更改对象或文档的属性。

在 Flash cs5 版本中，属性面板可以显示当前文档、文本、元件、形状、位图、视频、组、帧或工具的信息和设置。执行［窗口>属性］命令可打开属性面板，如图 1–3 所示。

2. 库面板

库面板是存储在 Flash 中的创建各种元件的地方，它还用于存储和组织导入的文件，包括位图、声音文件和视频剪辑等。执行［窗口>库］ 命令可打开库面板，如图 1–4 所示。

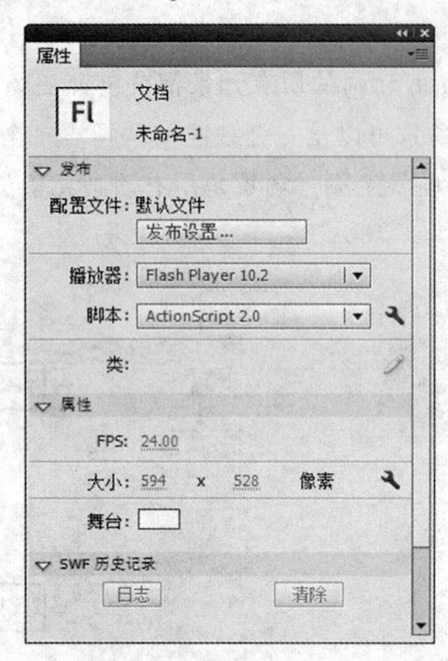

图 1–3

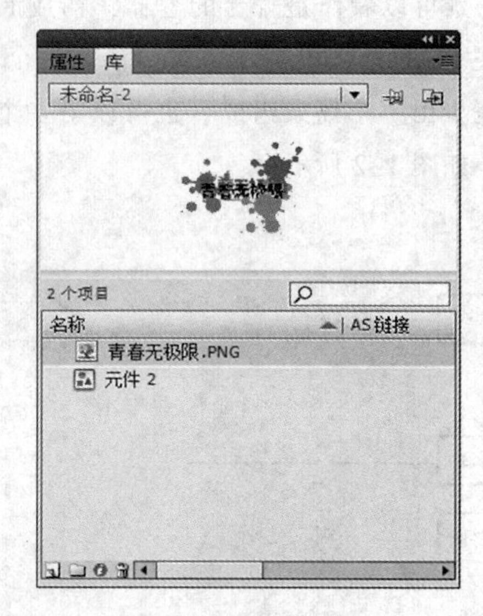

图 1–4

3. 动作面板

动作面板可以创建和编辑对象或帧的 ActionScript 代码。执行［窗口>动作］命令可打开动作面板，如图 1–5 所示。

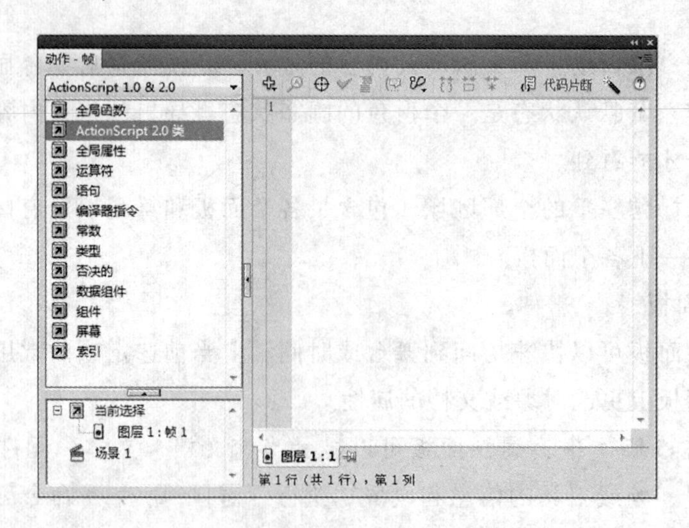

图 1–5

4. 颜色面板

颜色面板可以来设置笔触、填充的颜色、类型和 alpha 值。执行［窗口>颜色］命令可打开颜色面板，在该面板中 RGB 色彩模式是我们常用的颜色模式，如图1-6 所示。

5. 样本面板

样本面板用于颜色样本的管理，执行［窗口>样本］命令可打开样本面板，从中取色填充画面。如图 1-7 所示。单击样本面板右上角的向下三角形按钮，可以弹出面板菜单，如图 1-8 所示。

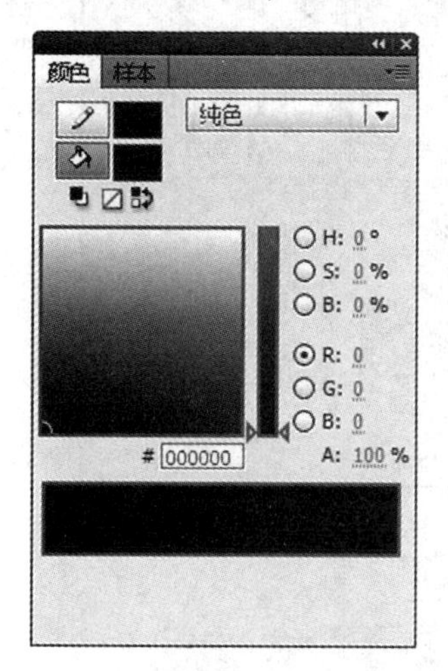

图 1-6

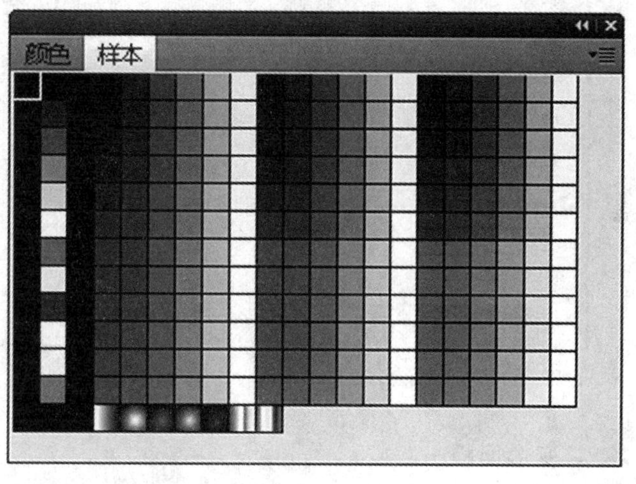

图 1-7

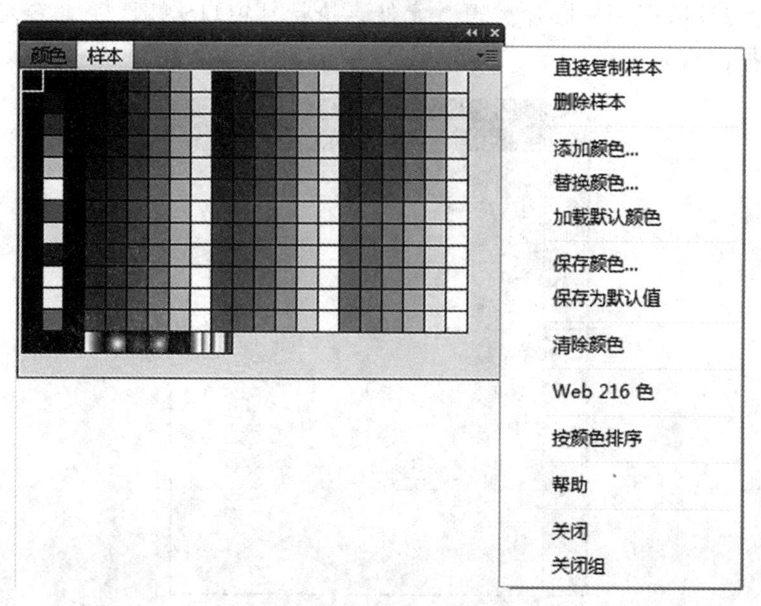

图 1-8

6. 对齐面板

对齐面板可以对所选对象进行对齐和分布的相关设置。执行［窗口>对齐］命令可打开对齐面板，如图 1–9 所示。

7. 信息面板

信息面板用于显示当前对象的宽、高、原点所在的 x、y 值以及鼠标的坐标和所在区域的颜色状态。执行［窗口>信息］ 命令可打开信息面板，如图 1–10 所示。

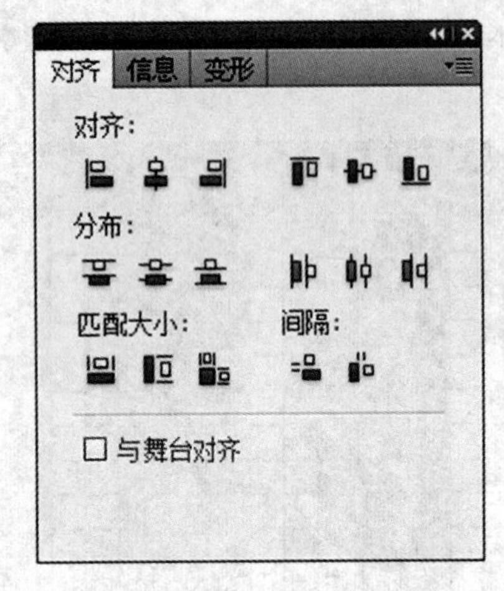

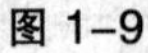
图 1–9

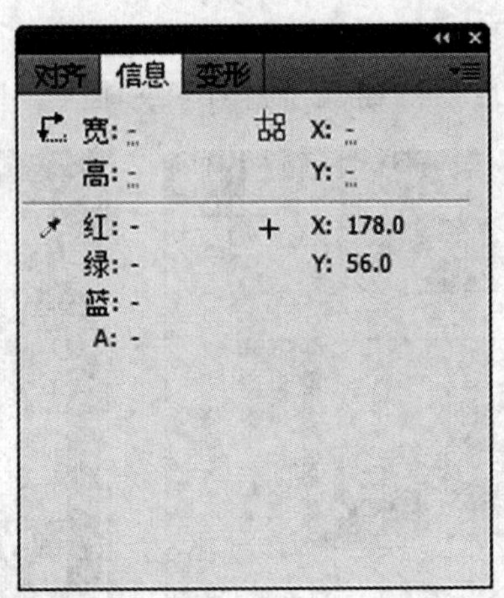

图 1–10

8. 变形面板

变形面板用于对选中的对象进行变形操作，如“旋转”、“3D 旋转”等操作，其中 3D 旋转只适用于“影片剪辑”元件。执行［窗口>变形］ 命令可打开变形面板，如图 1–11 所示。

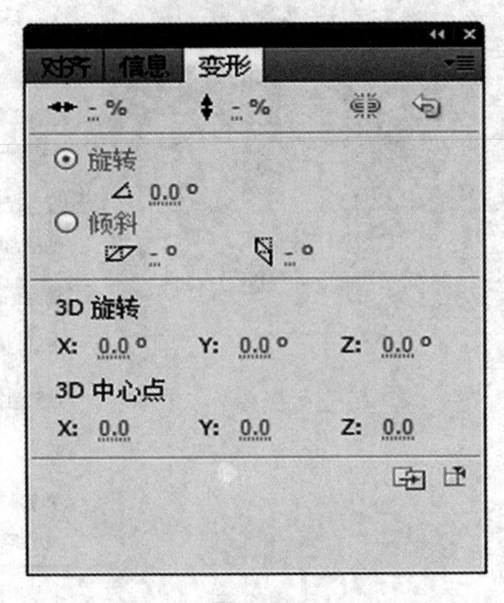

图 1–11

9. 组件面板

Flash 在组件面板中提供了多款可重用的预置组件，用户可以向文档中添加一个组件并在属性面板或组件检查器中设置它的参数。执行［窗口>组件］命令可打开组件面板，如图 1–12 所示。

10. “动画预设”面板

该面板可以将其预设中的动画作为样式应用在其他元件上。执行［窗口>动画预设］命令可打开动画预设面板，如图 1–13 所示。

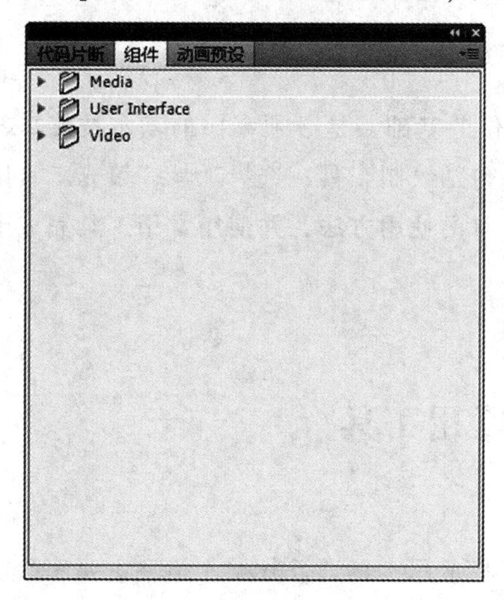

图 1–12

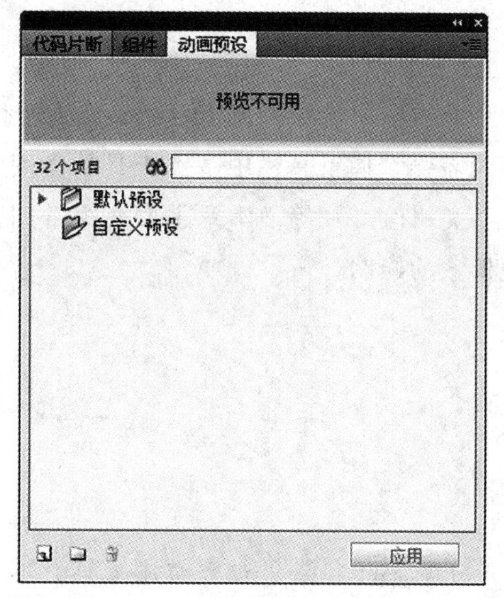

图 1–13

以上是对 Flash 的初步了解，接下来将通过实战项目，以进一步掌握 Flash 的功能。

第二章　卡通形象在 Flash 中的绘制应用

卡通形象的绘制是 Flash 二维动画制作的基础，是必须掌握的基本技能。初学者需要掌握工具栏中基本工具的使用，包括绘制工具、选择工具、填充工具以及各类修改工具等。本章主要介绍常用工具的使用方法，并使用常用工具完成卡通形象的绘制。

第一节　常用工具

工具栏中包含了很多常用工具，本节将常用工具进行分类介绍，主要有绘制工具、选择工具、填充工具和文本工具等。

一、绘制工具

1. 线条工具

线条工具用来绘制直线，可以通过［属性］面板设置线条的颜色、粗细、样式等，从而绘制出具有不同风格的直线，如图 2–1。

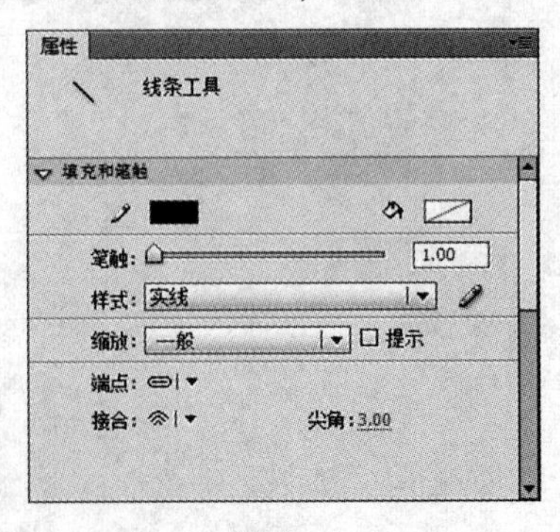

图 2–1

在绘制线条时如果按下 Shift 键，可以使直线沿水平、垂直或 45°角方向绘制直线。

2. 椭圆工具

椭圆工具可以绘制椭圆和正圆，在属性面板中可以对椭圆的大小、在舞台中的位置、边框线的颜色、线型样式、粗细及填充色等进行具体设置。在舞台中移动椭圆时，属性面板的 X、Y 的值会自动改变，如图 2-2。

3. 矩形工具

矩形工具和基本矩形工具用于绘制矩形，它们之间的不同类似于椭圆工具和基本椭圆工具，其属性面板如图 2-3 所示，对应的参数含义如下：

填充和笔触：可设置矩形的填充颜色及线条的相关属性。

矩形选项：可设置矩形的边角半径。可以在半径文本框中输入数值来调整边角半径的大小，也可以拖动滑块来改变大小。在锁定状态下，矩形每个角的边角半径将取相同的半径值。单击［重置］可将舞台上绘制的矩形形状恢复为原始大小和形状。

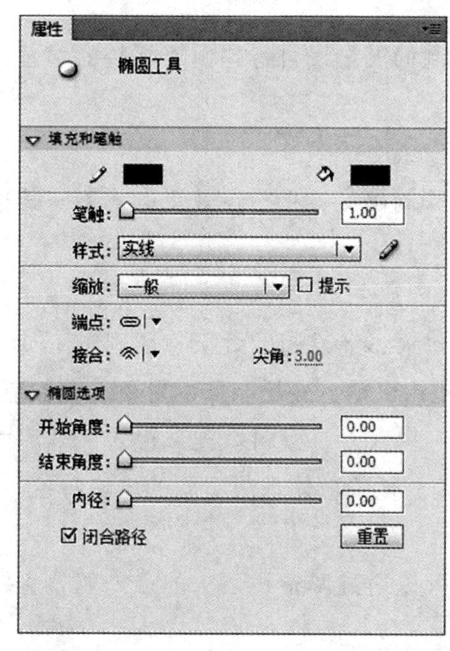

图 2-2

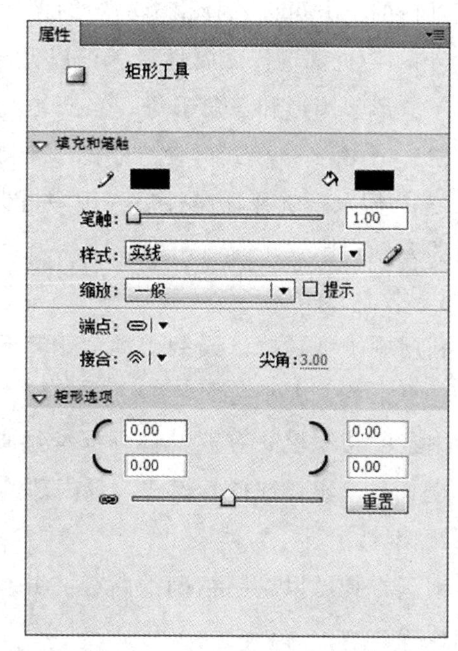

图 2-3

4. 多角星形工具

多角星形工具可以在舞台中绘制多边形和星形，属性面板如图 2-4 所示。单击属性面板上的［选项>工具设置］对话框，如图 2-5 所示，可更改样式、边数及顶点大小。

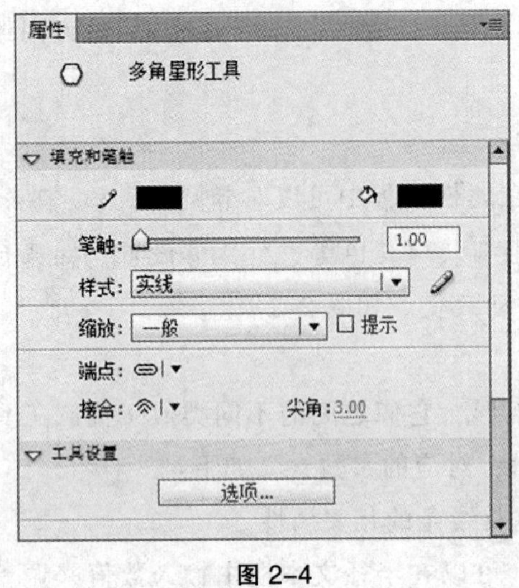

图 2-4

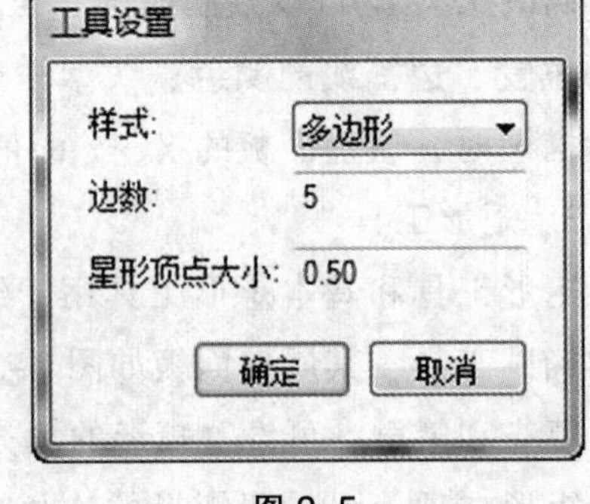

图 2-5

5. 铅笔工具

使用铅笔工具可以完成手绘效果的图形的绘制，单击工具栏上的铅笔工具，在工具栏的下方可以选择铅笔的绘图模式。

(1) 伸直：选择该属性后，可以使绘制的矢量线自行趋向于规整的形态，如直线、方形、圆形和三角形等。

(2) 平滑：该模式可使绘制的图形或线条变得平滑。

(3) 墨水：选择该属性后，用户可以绘制出接近手写体效果的线条。其绘制前后的差别很小。

6. 刷子工具

利用刷子工具可以绘制出类似于毛笔和水彩笔绘制的效果。用刷子工具可以绘制任意形状、大小及颜色的填充区域，也可以给已经绘制好的对象填充颜色。

刷子的绘制模式有五种：［标准绘画］模式、［颜料填充］模式、［后面绘画］模式、［颜料选择］模式、［内部绘画］模式，体现出不同的风格特色。

7. 钢笔工具

钢笔工具可以绘制精确的路径，并且可以通过调整线条上的点来调整直线段和曲线段。

绘制直线：使用钢笔工具可以绘制的最简单路径是直线，方法是通过单击钢笔工具创建直线的两个锚点，继续单击可创建由转角点连接的直线段组成的路径。

绘制曲线：如果使用钢笔工具绘制曲线，可以在曲线改变方向的位置处添加锚点，并拖动构成曲线的方向线。方向线的长度和斜率决定了曲线的形状。在绘制曲线时应当尽可能减少构成曲线的锚点，从而使创建的曲线更易于编辑，并减少系统资源的浪费。

二、选择工具

1. 选择工具，按住快捷键 V，可以用来选择和移动对象。并且可以调整边线的曲度和长短，如图 2-6。

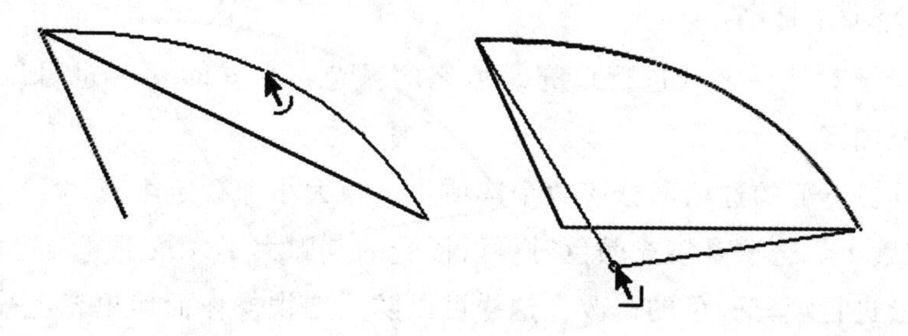

图 2-6

2. 部分选取工具，按住快捷键 A，可以用来调整锚点的平衡杆，以达到想要的效果，如图 2-7。

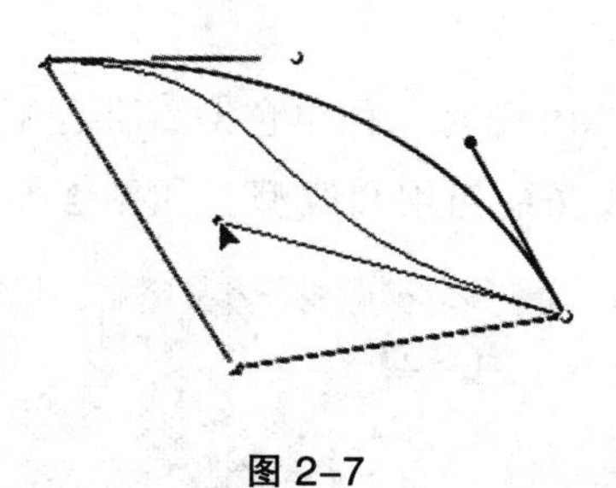

图 2-7

3. 任意变形工具，按住快捷键 Q，可以自由调整对象的大小、方向、倾斜等，如图 2-8。

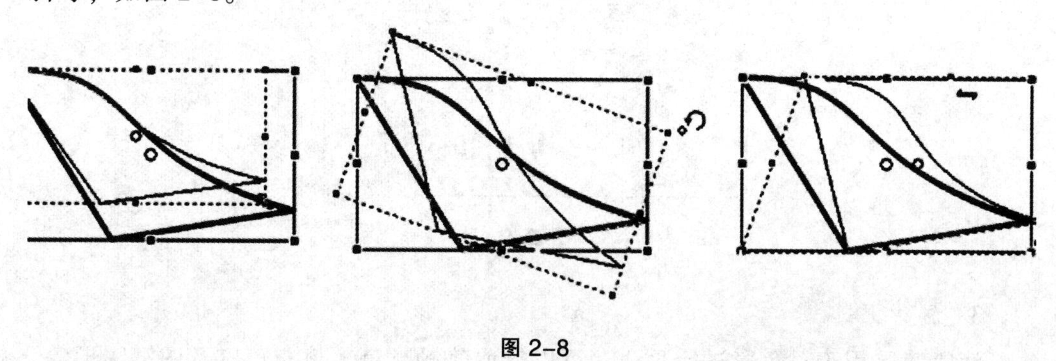

图 2-8

4. 套索工具

套索工具可以通过勾画不规则选择区域或直接选择区域的方法来选择对象，然后再使用其他工具对选择的对象进行修改。在套索工具的选项面板上有魔术棒、魔术棒设置和多边形模式三个按钮。

三、填充工具

1. 油漆桶工具

主要用于对某一区域进行填充。填充的颜色可以是单色，也可以是渐变色，还可以填充图案。

在工具栏下部的选项部分有两个选项：空隙大小和锁定填充。

[空隙大小] 选项是填充颜色时可以接受的空隙大小。按下 [锁定填充] 将不能再对图形进行填充颜色的修改，这样可以防止错误操作而使填充色被改变。

(1) 不封闭空隙：用于填充完全封闭的图形。

(2) 封闭小空隙：用于填充存在小缺口的图形。

(3) 封闭中等空隙：用于填充存在中等大小缺口的图形。

(4) 封闭大空隙：用于填充存在较大缺口的图形。

2. 墨水瓶工具

使用墨水瓶工具，可以用任何一种单色对线条进行着色或为一个区域添加封闭的边线，同时可以选择线条的粗细和线型，如图 2-9。

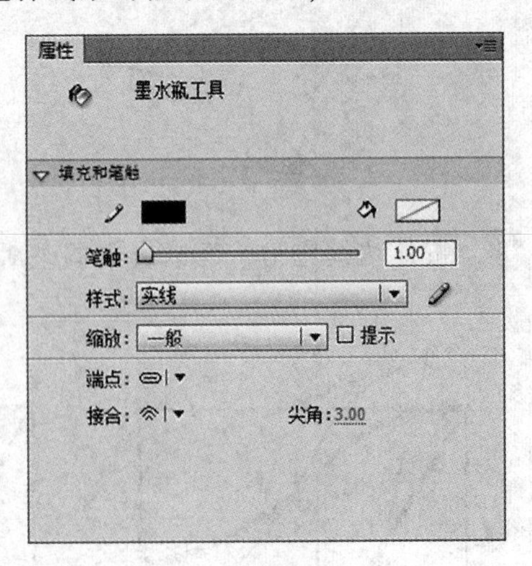

图 2-9

3. 滴管工具

滴管工具用于对色彩进行采样，可以拾取笔触颜色、填充色以及图案图形等。

在拾取笔触颜色时，滴管工具自动变成墨水瓶工具，在拾取填充色或位图图形后则自动变成颜料桶工具。

4. 渐变变形工具

使用渐变变形工具可以更改填充的渐变颜色的宽度范围和倾斜的角度，如图 2–10。

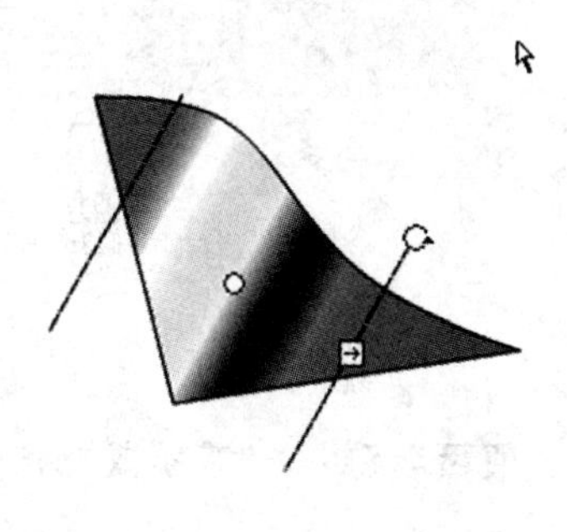

图 2–10

四、文本工具

使用文本工具可以创建文本。在 Flash 中，可以创建 3 种类型的文本，分别为静态文本、动态文本和输入文本。这 3 种类型的文本有不同的作用，其含义如下：

1. 静态文本：这种文本最常用，导出动画后，其内容不会改变。

2. 动态文本：所谓动态文本，指的是文字内容可以被后台程序更新的文本对象。文本可以在动画播放过程中，根据用户的动作或当前的数据而改变。动态文本可以用于显示一些经常变化的信息，如比赛分数、股市行情和天气预报等。

3. 输入文本：指的是可以在其中由用户输入文字并提交的文本对象，如图 2–11。

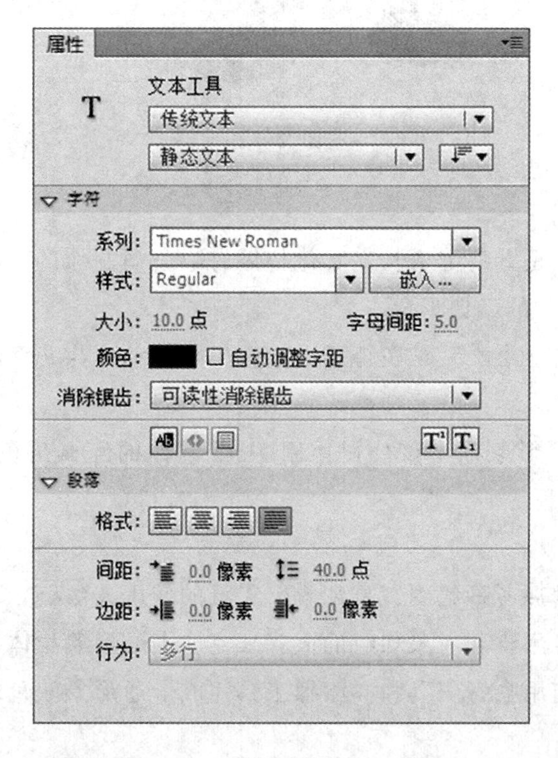

图 2–11

第二节 卡通形象绘制

项目名称：“零零鼠”形象绘制，效果如图 2–12。

图 2–12

项目背景分析：

1. “零零鼠”是青岛锦绣长安文化传播有限公司制作的大型动画片《轻轻松松上小学》动画片中的经典形象。

2. 《轻轻松松上小学》是在市场上较为成熟的动画与儿童绘本配套发行的动漫产品。

3. “零零鼠”形象是由该公司使用 Flash 制作的经典角色，通过 Flash 表现手段再现其绘制过程。

项目目的：

1. 能够熟练掌握各种绘图工具和编辑工具的使用方法。

2. 能够熟练应用绘制对象和组的概念来完成卡通形象身体各部分的绘制。

3. 能够熟练使用吸管工具和油漆桶工具完成卡通形象颜色的填充。

知识目标：

1. 掌握各种绘图工具的使用方法。

2. 掌握编辑工具的使用方法。

3. 掌握填充工具的使用方法。

4. 能够熟练应用绘制对象和组的概念完成卡通形象身体各部分的绘制。

5. 能够熟练使用吸管工具和油漆桶工具完成卡通形象颜色的填充。

技能目标：

1. 能够熟练应用绘制对象和组的概念完成卡通形象身体各部分的绘制。

2. 能够熟练使用吸管工具和油漆桶工具完成卡通形象颜色的填充。

子项目一："零零鼠"头部形象绘制

项目目标：

1. 学会使用直线工具和椭圆工具绘制基本形状。

2. 学会使用选择工具调整基本形状的轮廓曲度。

3. 学会使用油漆桶工具填充颜色。

项目要求：

外形准确、线条流畅，注意阴影和高光的使用。

项目实训步骤：

1. 新建一个文档，属性设置如图2-13所示。

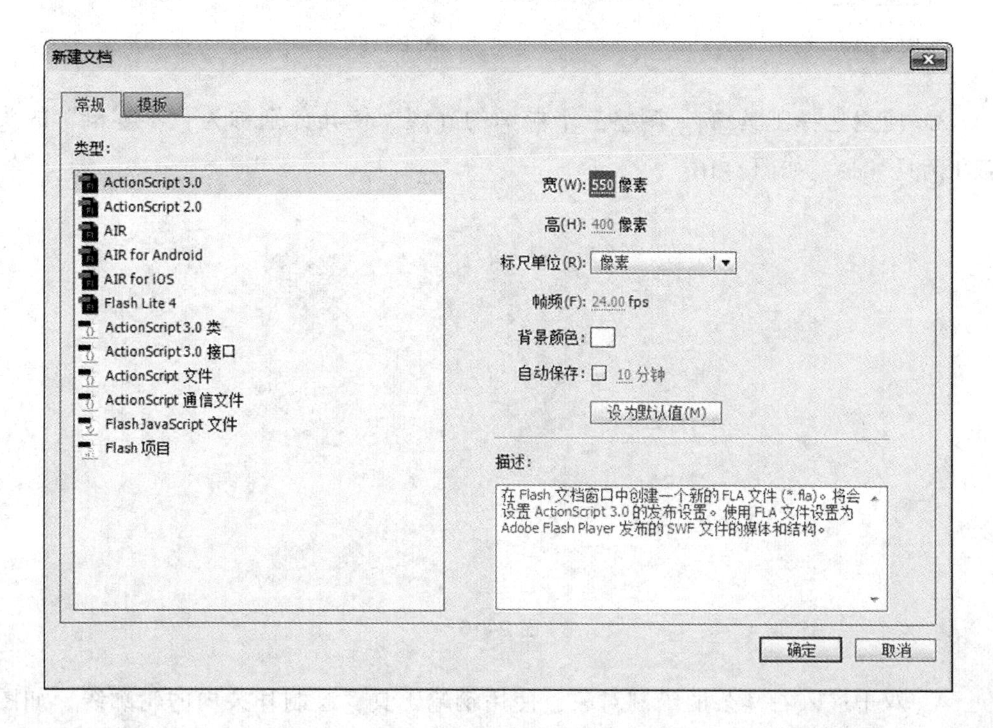

图 2-13

2. 选择椭圆工具，设置边线颜色为红色，无填充色，绘制模式为对象绘制，如图 2-14，在舞台中绘制三个椭圆，如图 2-15。

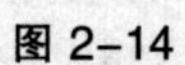

图 2-14

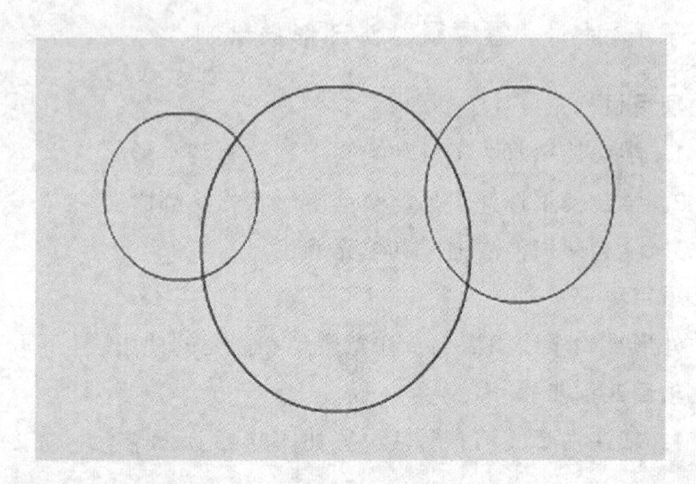

图 2-15

3. 使用选择工具，调整三个椭圆的外观，使其分别称为“零零鼠”的头部和两只耳朵，如图2-16。

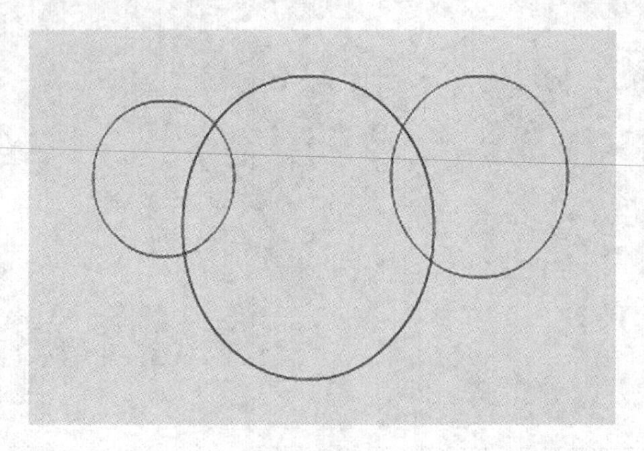

图 2-16

4. 双击进入右耳朵的绘制对象，使用钢笔工具，绘制耳朵内的轮廓线，如图 2-17。

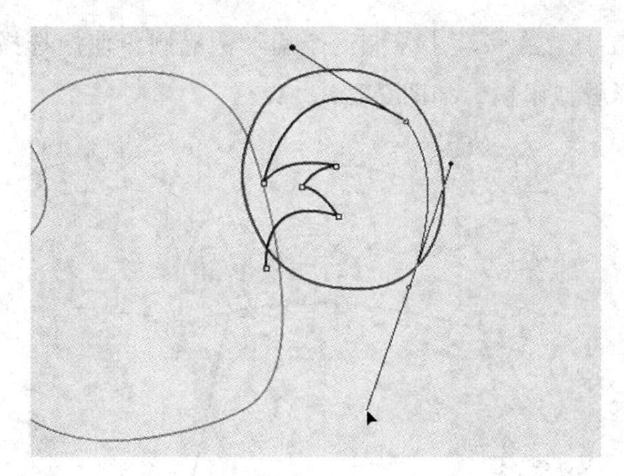

图 2-17

5. 同上方法，使用钢笔工具绘制左耳朵内的轮廓线，如图 2-18。

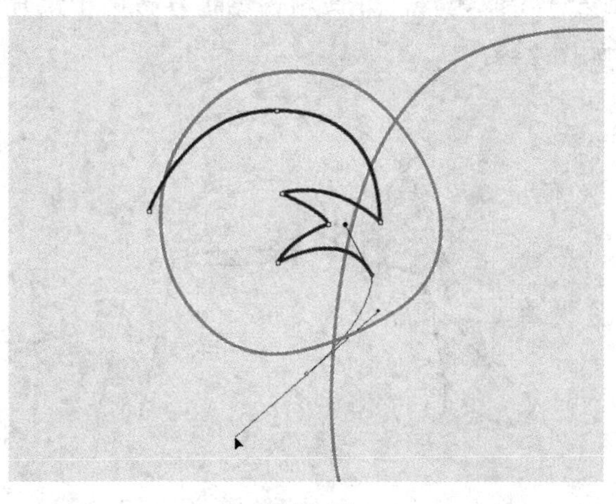

图 2-18

6. 双击进入头部绘制对象，使用钢笔工具绘制头盔的形状，如图 2-19。

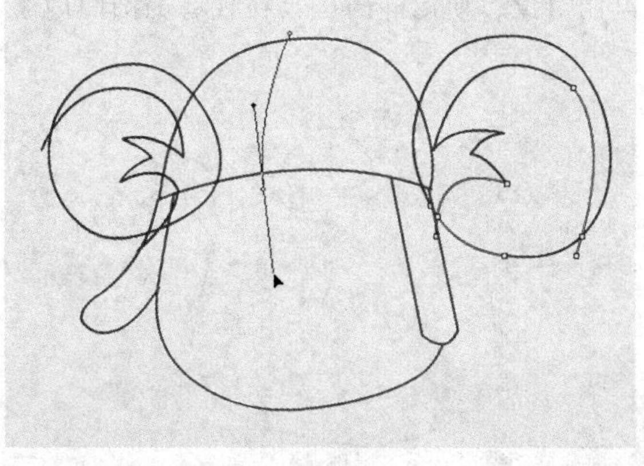

图 2-19

7. 使用椭圆工具，在头盔上绘制两个扁形的椭圆，使用选择工具调整轮廓线的曲度，使其外形看似眼镜，如图 2-20。

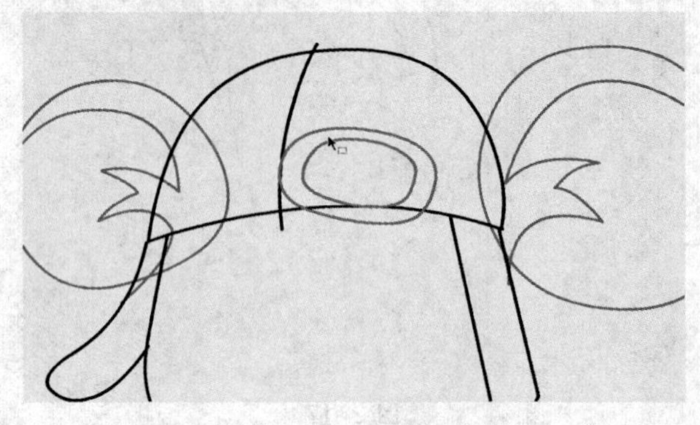

图 2-20

8. 同理，绘制另一个眼镜片。并使用钢笔工具将两个镜片连接起来，分离后删除多余的线条，如图 2-21。

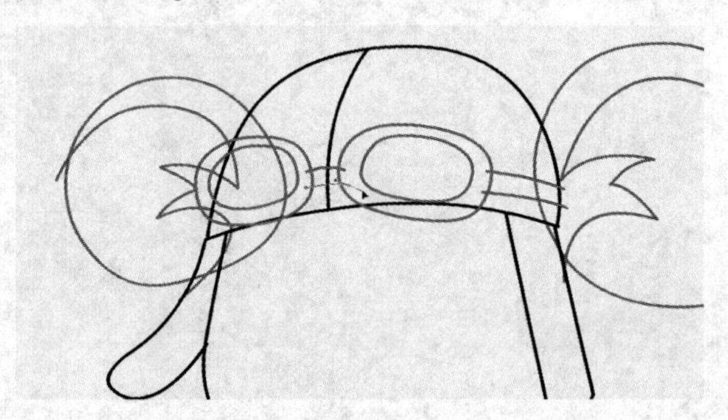

图 2-21

9. 选择椭圆工具，根据图 2-14 所示设置，在舞台中绘制一个扁长的小椭圆，位于脸部眼镜的位置，使用选择工具，调整轮廓线。

10. 双击进入绘制对象，使用椭圆工具在现有的圆圈内绘制一个更小一点的椭圆，如图 2-22。

图 2-22

11. 使用直线工具绘制下眼睑，如图 2–23，使用椭圆工具绘制眼珠的部分，如图 2–24，使用直线工具绘制眉毛。

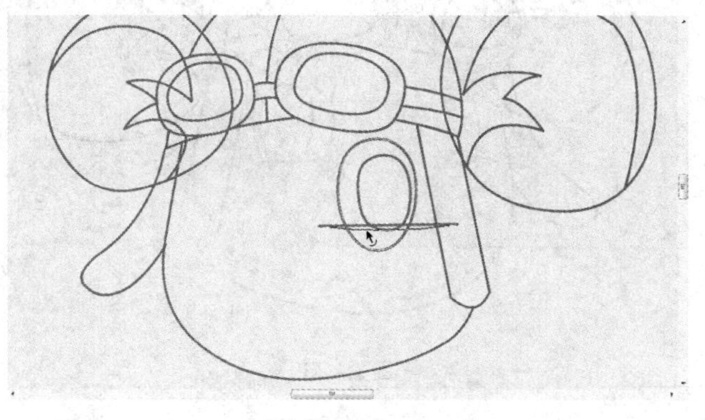

图 2–23

图 2–24

12. 框选绘制好眼睛各部分，分离之后，清理删除多余的线条，如图 2–25。

图 2–25

13. 绘制左眼睛，使用椭圆工具，根据图 2–14 设置属性，绘制一个扁长的椭圆。双击进入绘制对象，再分别绘制两个椭圆、一条直线，使用选择工具调整外观轮廓，并删除多余线条，如图 2–26 所示。

图 2-26

14. 使用椭圆工具绘制一个小椭圆，双击进入绘制对象，使用直线工具绘制嘴巴、胡须，如图 2-27，并使用选择工具进行曲度的调整，如图 2-28。

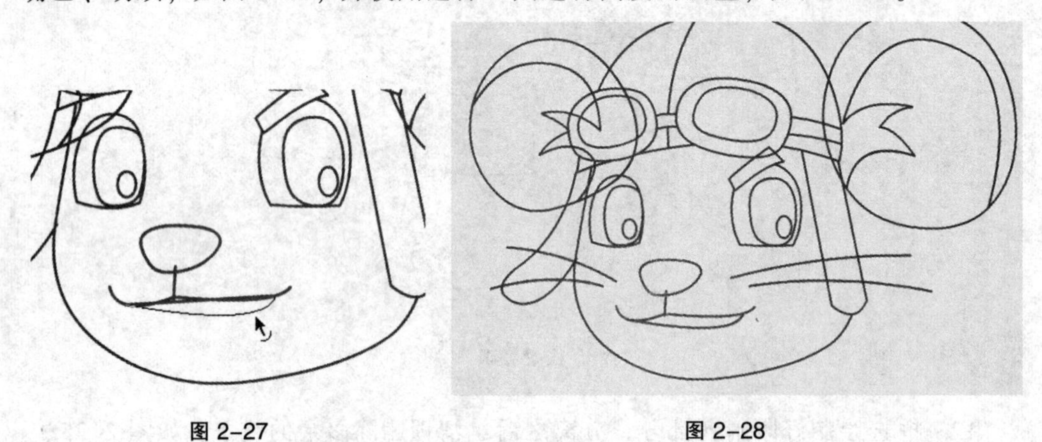

图 2-27　　图 2-28

15. 使用吸管工具吸取色板中相对应的颜色，如图 2-29，并使用油漆桶工具进行填充。最终头部效果如图 2-30 所示。

图 2-29

图 2-30

子项目二："零零鼠"身体绘制

项目目标：

1. 学会使用椭圆工具绘制卡通角色的身体。

2. 学会使用选择工具修改线条曲度。

项目要求：

外形准确、线条流畅，注意阴影和高光的使用。

项目实训步骤：

1. 使用椭圆工具绘制一个椭圆，根据图 2–14 设置属性，双击进入椭圆绘制对象，使用选择工具调整其线条曲度，调整好的椭圆作为卡通形象的身体部分，如图 2–31。

2. 在［身体］绘制对象内，绘制一个小一点的椭圆，经过调整后，作为卡通形象的肚皮，如图 2–32。

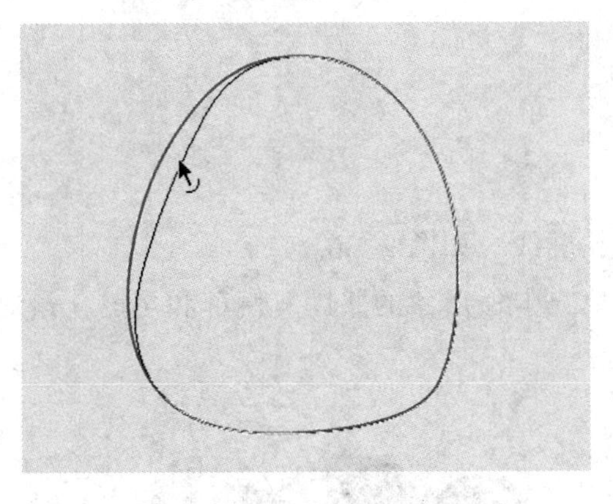

图 2–31

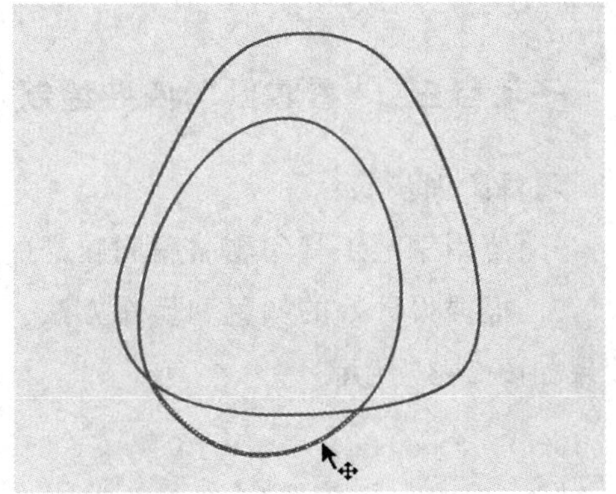

图 2–32

3. 使用直线工具绘制腰带，并使用选择工具进行微调，如图 2–33。

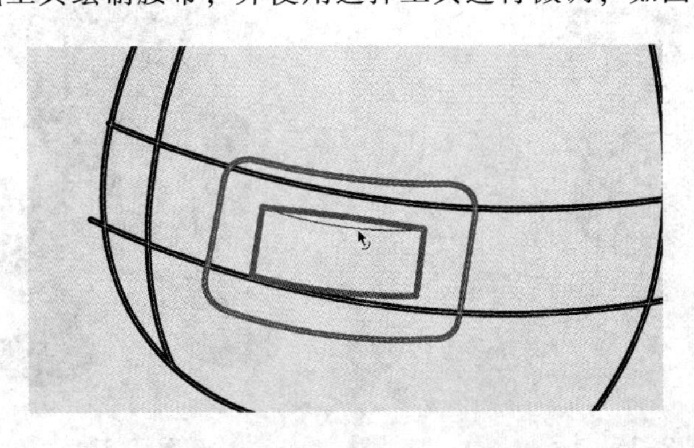

图 2–33

4. 全选［身体］绘制对象内的所有对象，按 Ctrl+B 组合键分离，使用选择工具删除多余的线段，如图 2–34。

5. 根据色板中的颜色，为身体部分填充色彩，如图 2–35。

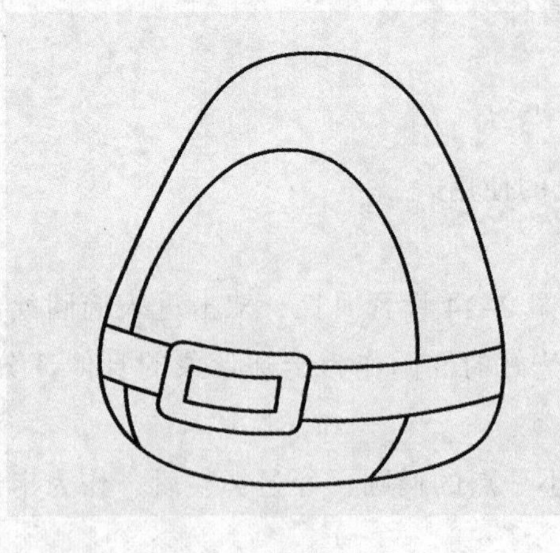
图 2–34

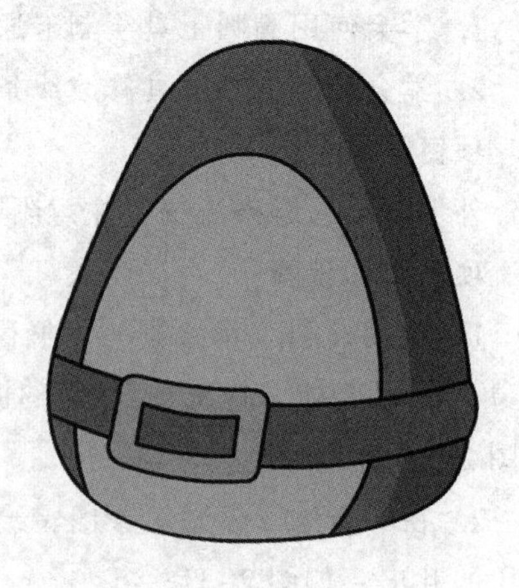
图 2–35

子项目三："零零鼠"四肢绘制

项目实训步骤：

1. 使用钢笔工具勾勒胳膊和腿部的轮廓线，如图 2–36。

2. 根据设计好的颜色和操作方法，填充卡通形象的胳膊、腿部和尾巴，最终效果如图 2–37 所示。

图 2–36

图 2–37

子项目四：保存与输出

项目实训步骤：

1. 菜单栏选择［文件>保存］，如图 2–38 所示。

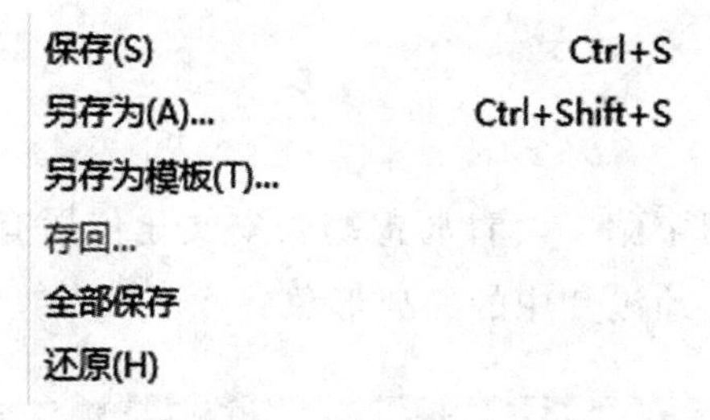

图 2–38

2. 在打开的保存对话框中输入文件名，并选择保存路径和类型（格式），如图 2–39所示。

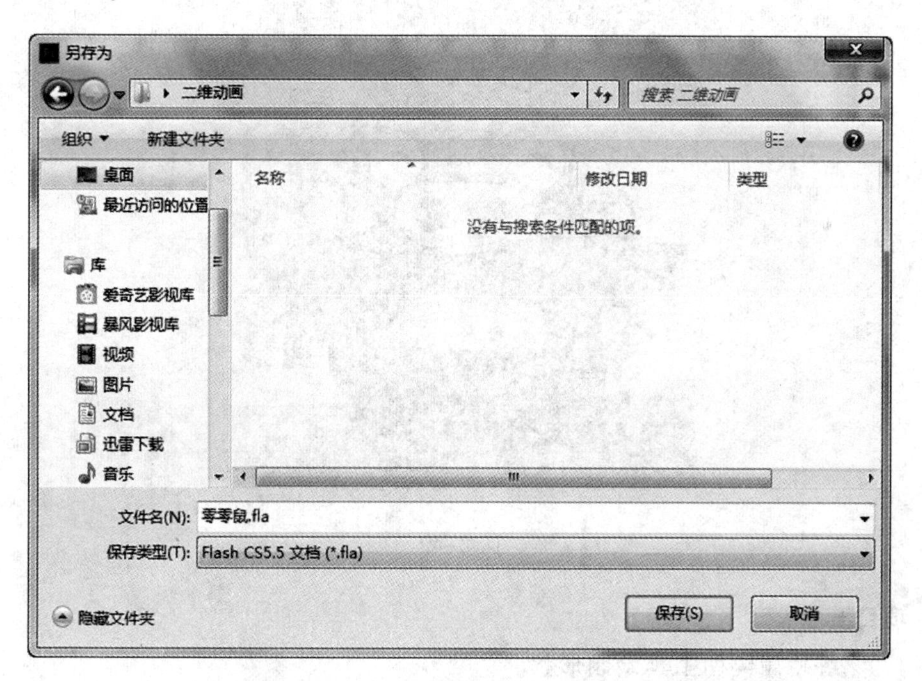

图 2–39

3. 点击［保存］，完成任务。

第三节 项目拓展

项目一：

绘制卡通形象“阿宝猪”（青岛锦绣长安文化传播有限公司制作的大型动画片《轻轻松松上小学》动漫片中的经典形象）。

图 2-40

项目要求：

1. 熟练使用绘图工具绘制形状。
2. 熟练使用选择工具修改线条的弯曲度。
3. 熟练使用吸管工具和油漆桶工具进行颜色填充。
4. 外形准确，色彩搭配合理，线条流畅。
5. 可无需绘制背景。

项目二：

绘制卡通形象“鸭博士”（青岛锦绣长安文化传播有限公司制作的大型动画片《轻轻松松上小学》动漫片中的经典形象）。

项目要求：

1. 熟练使用常用工具绘制形状和填充颜色。

2. 正确使用阴影和高光。

3. 外形准确，色彩搭配合理，线条流畅。

图 2-41

项目三：

绘制卡通形象“咯咯鸡”（青岛锦绣长安文化传播有限公司制作的大型动画片《轻轻松松上小学》动漫片中的经典形象）。

项目要求：

1. 熟练使用常用工具绘制形状和填充颜色。

2. 正确使用阴影和高光。

3. 外形准确，色彩搭配合理，线条流畅。

图 2-42

第三章　逐帧动画——语文课件的制作

逐帧动画，是Flash动画制作技术手段之一，其原理是将每帧不同的图像连续播放，从而产生动画效果。最基本制作逐帧动画的方法是以相机为拍摄工具，为表现对象拍摄一连串的相片，每张相片之间有连续的轻微运动变化，最后再把整集相片快速地连续播放出来。

第一节　帧

一、帧的基本概念

帧是动画制作中的一个重要概念，是动画制作的基本单位，每一个精彩的Flash动画都是由很多个帧构成的。在时间轴上的每一帧都可以包含需要显示的所有内容，包括图形、声音、各种素材和其他对象。在Flash中，一个动画可以由多个图层组成，每一个图层都具有一个独立的时间轴，图层与帧共同决定了动画的播放形式与时间。

制作Flash动画时主要是对帧进行操作。Flash中存在四种类型的帧：关键帧、空白关键帧、普通帧和过渡帧，如图3-1所示。

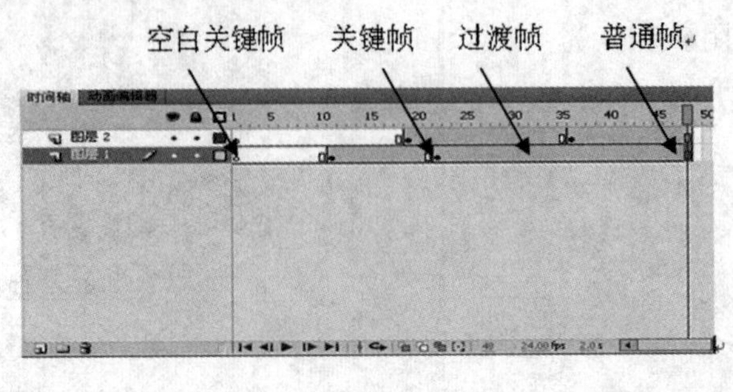

图3-1

1. 关键帧——关键帧是有关键内容的帧。它对定义与控制动画的变化起到关键性的作用，制作 Flash 动画时只有关键帧是可以编辑的。在关键帧中可以放置所有的动画对象，如图形、文字、组合、实例和位图等，也可以放置声音、动作以及注释等。当关键帧中放置了动画对象后，它的表现状态为一个黑色的实心圆点。

2. 空白关键帧——空白关键帧是一种特殊的关键帧，是指没有放置任何动画对象的关键帧。插入空白关键帧的作用主要是清除前面帧中的动画对象。在时间轴面板中插入空白关键帧后，其表现状态为一个空心圆点。

3. 普通帧——普通帧是延续上一个关键帧或者空白关键帧中内容的帧，它的作用是延续上一个关键帧或空白关键帧中的内容，一直到该帧结束为止。

4. 过渡帧——过渡帧是在创建动画的过程中由 Flash 本身创建出来的帧，在过渡帧中的动画对象也是由 Flash 自动生成的，是不可编辑的。

任何一个新建的 Flash 中，每个图层的第一帧都默认为一个空白关键帧，在空白关键帧中添加了内容以后，空白关键帧将变成关键帧。在制作 Flash 动画时，主要是设置控制帧与关键帧，因为它影响着动画的播放时间、转换效果等。

二、帧操作

1. 插入普通帧和关键帧的方法：

(1) 单击菜单栏中［插入>时间轴>帧］命令（或者按下 F5 键），可以插入普通帧。

(2) 单击菜单栏中［插入>时间轴>帧］命令（或者按下 F6 键），可以插入关键帧。

(3) 单击菜单栏中［插入>时间轴>帧］命令（或者按下 F7 键），可以插入空白关键帧。

2. 帧、关键帧和空白关键帧的区别

(1) 关键帧在时间轴上显示为实心的圆点，空白关键帧在时间轴上显示为空心的圆点，普通帧在时间轴上显示为灰色填充的小方格。

(2) 同一层中，在前一个关键帧的后面任一帧处插入关键帧，是复制前一个关键帧上的对象，并可对其进行编辑操作；如果插入普通帧，是延续前一个关键帧上的内容，不可对其进行编辑操作；插入空白关键帧，可清除该帧后面的延续内容，可以在空白关键帧上添加新的实例对象。

(3) 关键帧和空白关键帧上都可以添加帧动作脚本，普通帧上则不能。

3. 在应用中需注意的问题

(1) 应尽可能地节约关键帧的使用，以减小动画文件的体积。

（2）尽量避免在同一帧处过多地使用关键帧，以减小动画运行的负担，使画面播放流畅。

第二节　逐帧动画制作原理

Flash 最基础的动画类型是逐帧动画。逐帧动画是一种常见的动画形式，原理是在“连续的关键帧”中分解动画动作，也就是在时间轴的每帧上绘制不同的内容，使其连续播放而形成动画效果。绘制逐帧动画有一个很重要的功能——“洋葱皮”，可以在舞台中一次查看多帧内容。逐帧动画将不同的图形依次放置在关键帧内，通过连续播放得到动画效果，如图 3-2 至图 3-6 所示。

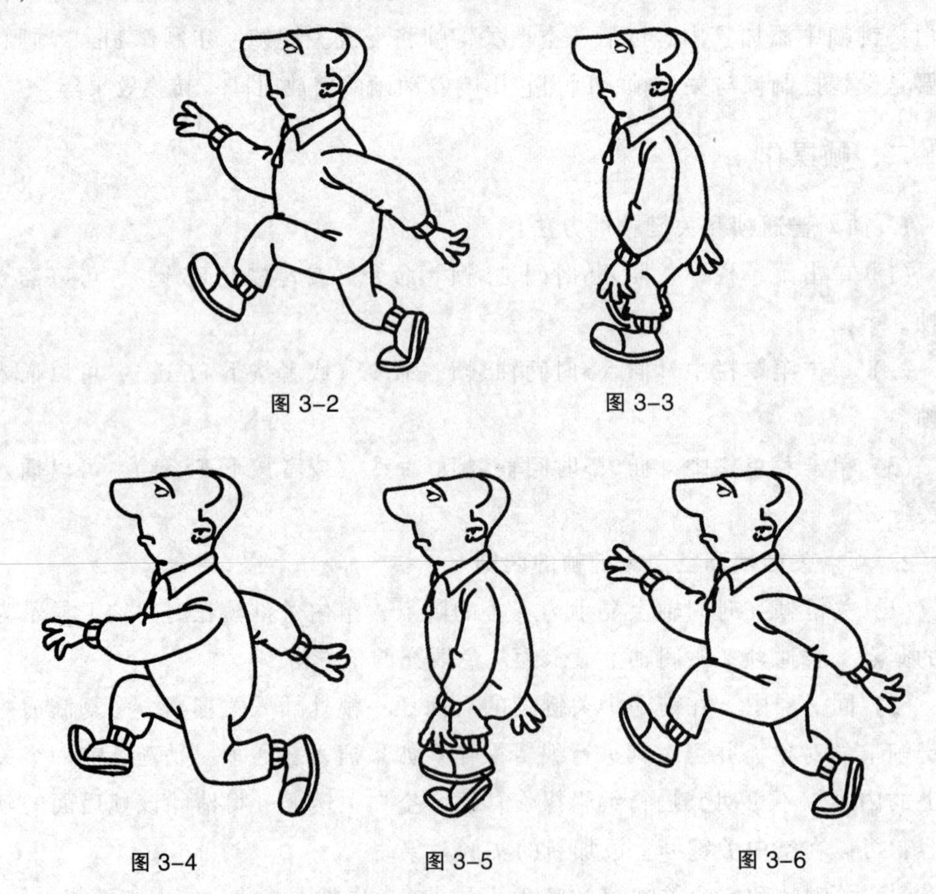

图 3-2　图 3-3

图 3-4　图 3-5　图 3-6

逐帧动画的应用范围很广泛，在各类作品中经常出现的动画表情、倒计时动画、头发飘动效果、光影动画等都属于逐帧动画。逐帧动画一般都比较大，但效果都比较流畅自然。

第三节　逐帧动画的分类

一、绘制矢量逐帧动画

用鼠标或压感笔在场景中一帧帧地画出画面内容。如在图层中第 1 帧、第 3 帧、第 5 帧、第 7 帧、第 9 帧分别画出大家常见的简单画面“火柴小人”，可以形成火柴人的动画，如图3–7 所示。

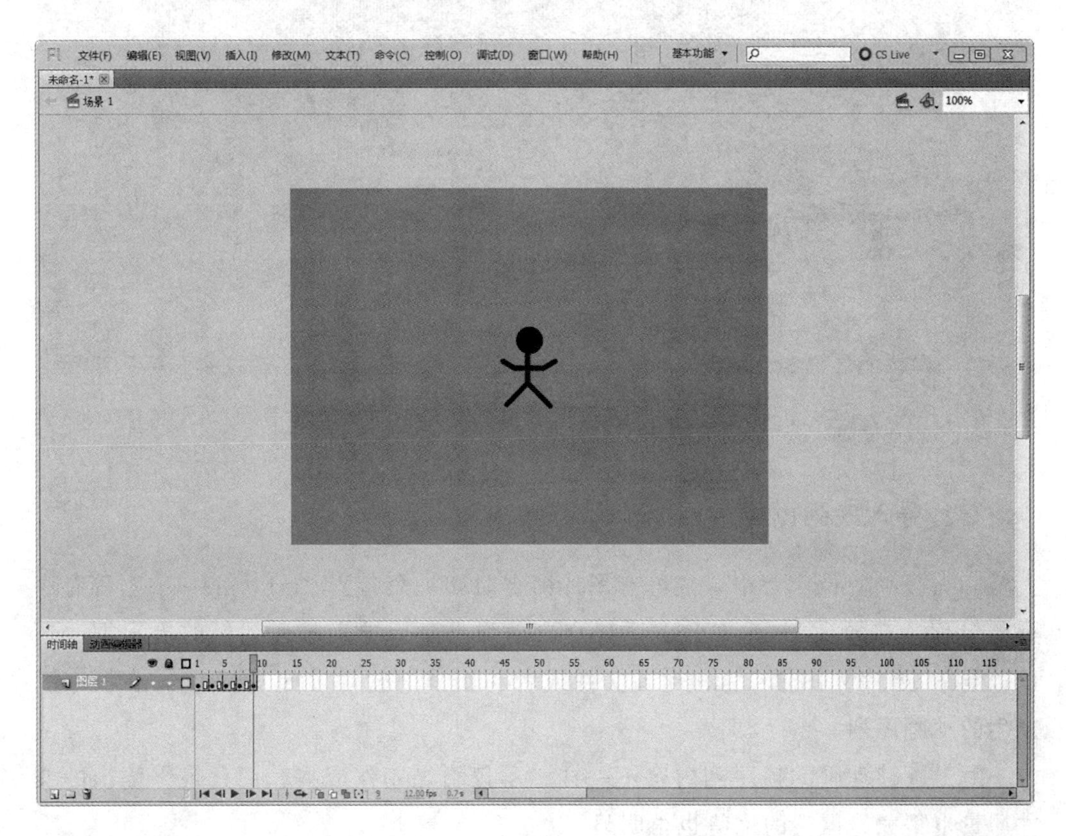

图 3–7

二、文字逐帧动画

每帧插入不同的文字，也可以制作简单的逐帧文字动画，在制作过程中，可以借助软件的［绘图纸外观］功能和［标尺］对输入的文字进行排版，如图 3–8 所示。

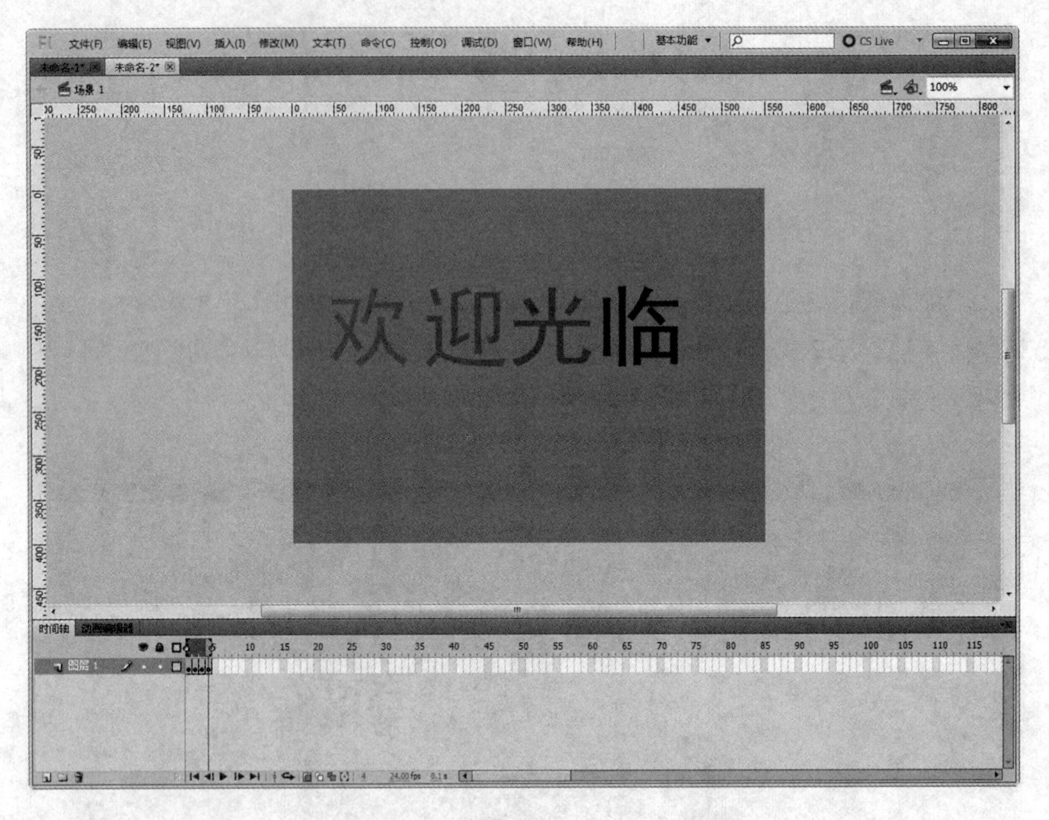

图 3–8

三、导入序列图像

“.jpg”、“.png” 等格式的静态图片命名时如果命名为 “m1、m2……” 等有序列的名称，在导入 Flash 中时，系统会自动弹出是否导入序列图像的提示框。还可以导入.gif 序列图像、.swf 动画文件或者利用其他软件（如 swish、swift 3D 等）产生的动画序列。

由于逐帧动画的帧序列内容不一样，不仅增加制作成本，而且最终输出的文件质量也很大，但它的优势也很明显。

第四节　课件制作

项目名称：

《静夜思——语文课件》逐帧动画制作。

项目分析：

1. 思路："故乡是牵动人们心头的一根弦，无论我们走到哪里，故乡一直藏在我们心里。"

2. 通过逐帧动画的制作，认识逐帧动画，并了解帧的概念。

3. 通过制作逐帧动画——《静夜思——语文课件》来体会动画的基本原理。

知识目标：

认识逐帧动画，了解帧的概念。

技能目标：

本实例讲解了逐帧动画的制作方法，通过将不同的图形导入不同的图层，并分别设置不同的动画。通过本课件的制作步骤，能够熟练掌握关键帧、帧和空白关键帧的插入方法以及其快捷键的应用。

关键技术：

矩形工具的使用、颜色面板的使用、钢笔工具的使用、线条工具的使用、任意变形工具的使用、刷子工具的使用、文本工具的使用、按钮元件的设置、变形面板的使用、图像序列的导入方法、掌握反转帧的设置、GotoAndPlay ()、stop () 语句的设置等。

子项目一：绘制背景图——竹简书

项目目标：

1. 掌握新建文档属性的设置。
2. 掌握颜色面板的使用方法。
3. 掌握线条工具和任意变形工具的使用方法。
4. 掌握基本矩形工具和矩形工具的区别。
5. 掌握基本矩形工具属性的设置。
6. 学会使用［Ctrl+G］组合键和对齐面板打开［Ctrl+K］组合键。

项目要求：

1. 能够绘制出单根竹筒的效果。

2. 利用线条工具将单根竹筒串成竹筒书的效果。

项目实训步骤：

1. 启用 Flash 软件，执行［文件>新建］命令，选择类型为［ActionScript 2.0］，并设置画布的宽为 1024 像素、高为 768 像素，帧频为 12fps，修改背景颜色，如图 3-9 所示。

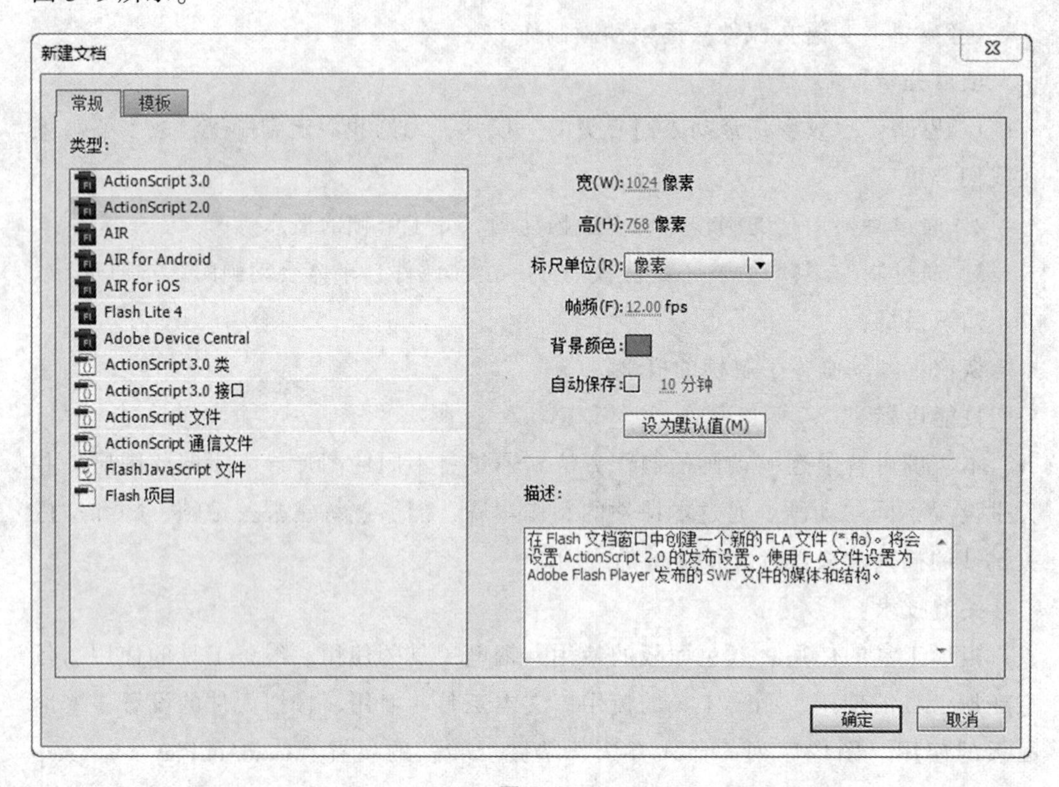

图 3-9

2. 执行［插入>新建元件］命令，新建元件名称为［竹简书］，类型为［图形］，如图 3-10 所示。

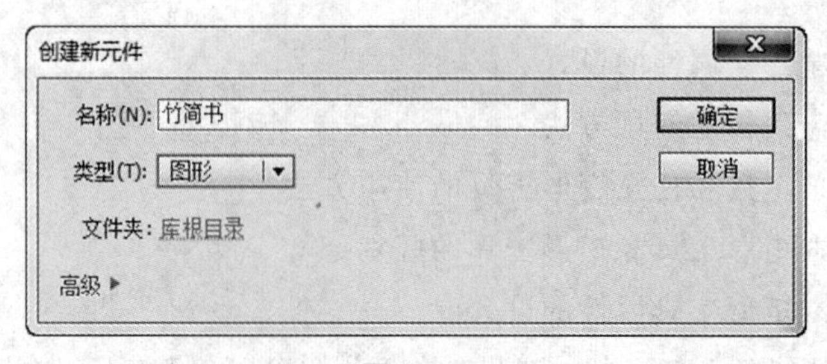

图 3-10

3. 单击工具栏中的基本矩形工具，并设置其属性，［矩形边角半径］设置为30度，［笔触颜色］设置为［无］，［填充颜色］设置为线性渐变，如图3–11和3–12所示。

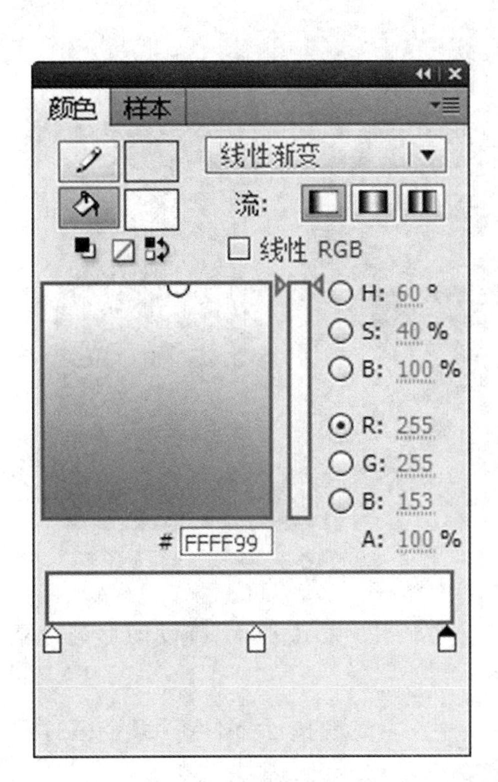

图 3–11

图 3–12

4. 在舞台中绘制圆角矩形，［宽］和［高］分别为139.95和899.65。

5. 点击工具栏中［刷子工具］，设置刷子大小，在圆角矩形的合适位置点击，制作竹筒中钻孔的效果。

6. 点击工具栏中的［线条工具］，设置属性如图3–13所示，在竹筒的两个孔中间和外部划线。并使用工具栏中的［选择工具］调整两个孔中间连线的弧度，如图3–14所示。

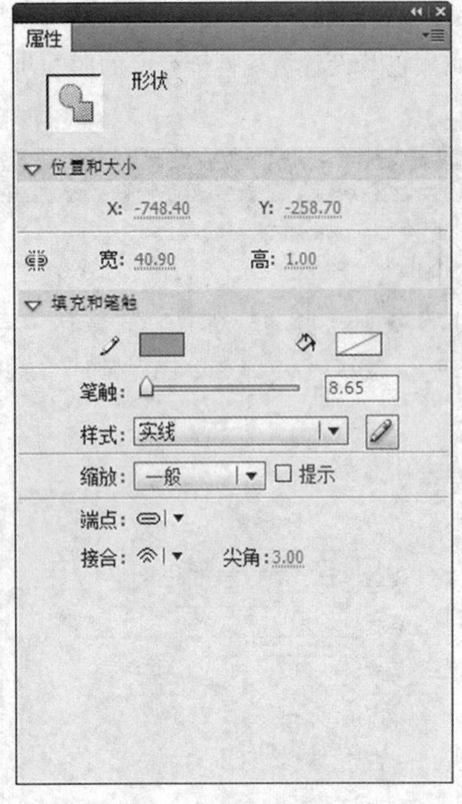

图 3–13

图 3–14

7. 框选图形，按［Ctrl+G］组合键组合，再按住［Ctrl］键，拖动图形进行复制 12 片竹筒，如图3–15 所示。

8. 框选所有的竹筒，单击菜单［修改>对齐］或者按［Ctrl+k］组合键打开［对齐］面板，如图 3–16 所示。将竹筒顶端［顶对齐］和［垂直中齐］。

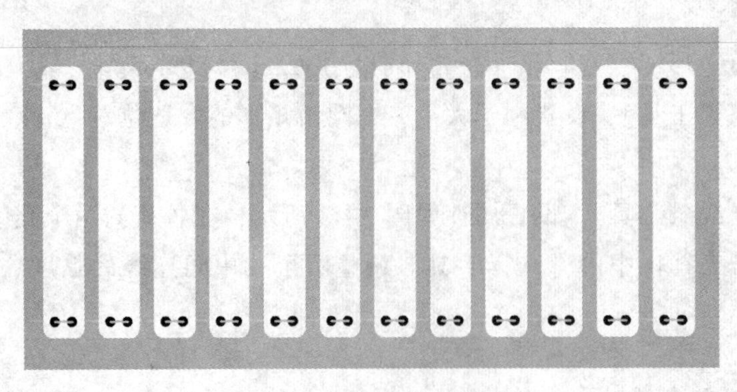

图 3–15

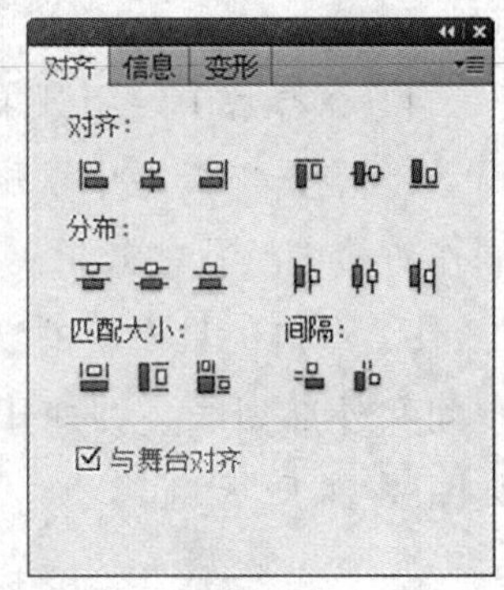

图 3–16

子项目二：绘制月亮

项目目标：

1. 掌握椭圆工具的使用方法。
2. 熟练掌握颜色面板的设置方法。

项目要求：

绘制月亮效果图。

项目实训步骤：

1. 执行［插入>新建元件］命令，新建元件名称为［月亮］，类型为［图形］。

2. 单击工具栏中［椭圆工具］，再单击［窗口>颜色面板］，设置［颜色类型］为［径向渐变］，设置颜色为黄色到白色的渐变，如图 3–17 所示。

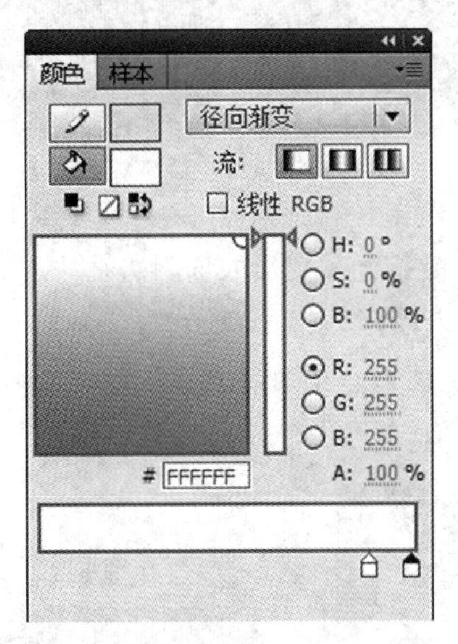

图 3–17

3. 单击［笔触颜色］为无色，按住［Shift］键在舞台中心绘制圆形。

子项目三：绘制花朵

项目目标：

1. 掌握椭圆工具的使用方法。
2. 掌握变形面板的使用方法。
3. 掌握任意变形工具的使用方法。

项目要求：

绘制花朵效果图。

项目实训步骤：

1. 单击工具栏中［椭圆工具］，［笔触颜色］设置为无色，［填充颜色］设置为红色，在舞台中心绘制长形椭圆，如图 3–18 所示。

2. 单击工具栏中的［任意变形工具］，选中长形椭圆，拖动其中心点的位置到椭圆一端，如图 3–19 所示。

图 3–18

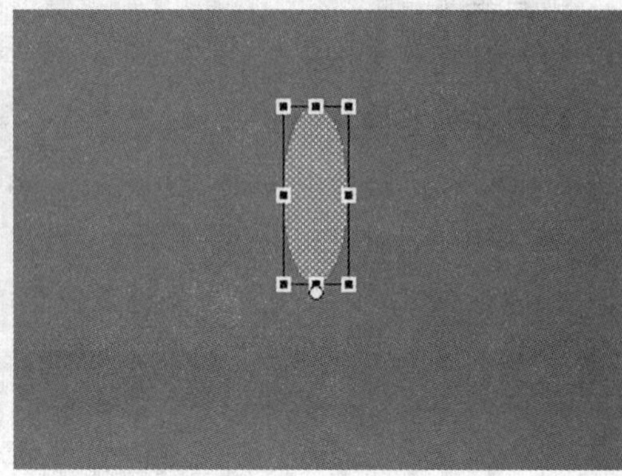

图 3–19

3. 按［Ctrl+T］组合键打开［变形］面板，选中［旋转］单选按钮，输入旋转度数为 30 度，如图 3–20 所示。

4. 重复点击［变形］面板右下角［重置选区和变形］按钮，旋转长形椭圆，如图 3–21 所示。

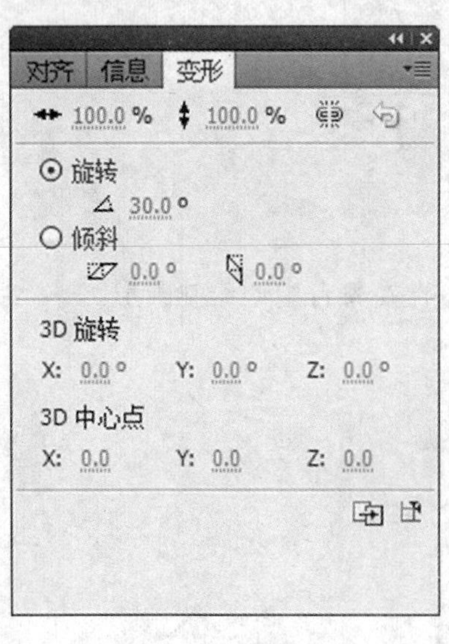

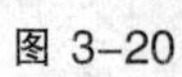

图 3–20

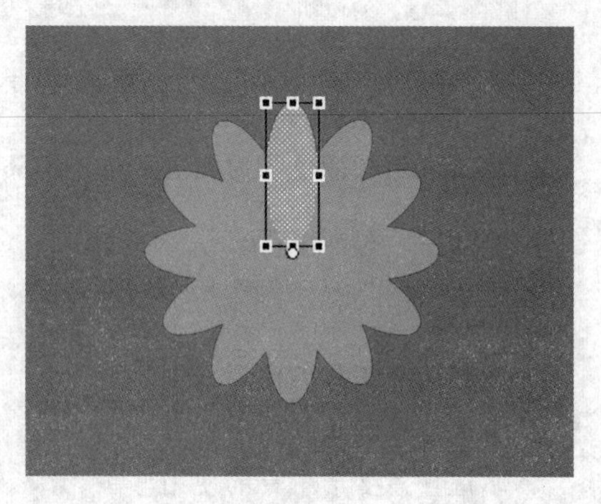

图 3–21

5. 单击［椭圆工具］，按住［Shift］键，在花朵中线绘制一个黄色的小圆作为花心，如图 3–22 所示。

6. 框选花朵，按［Ctrl+G］组合键将其组合。

7. 按［Ctrl］键，拖动花朵，可以复制另外几朵花，使用［任意变形工具］对其缩放和旋转后，并修改填充颜色，最后得到效果图如图 3–23 所示。

图 3–22　　　　图 3–23

子项目四：蝴蝶飞舞

项目目标：

1. 掌握序列图像的导入方法。
2. 掌握反转帧的设置。

项目要求：

能够实现蝴蝶飞动效果。

项目实训步骤：

1. 执行［插入>新建元件］命令（或按［Ctrl+F8］组合键），新建一个名称为［蝴蝶］的影片剪辑，点击［确定］按钮，进入［蝴蝶］的影片剪辑编辑状态。

2. 执行［文件>导入>导入到舞台］命令，找到素材［蝴蝶］，选中［hudie1.gif］点击［打开］命令，这时会弹出对话框如图 3–24 所示，选择［是］命令，会将蝴蝶的图片全部导入舞台。

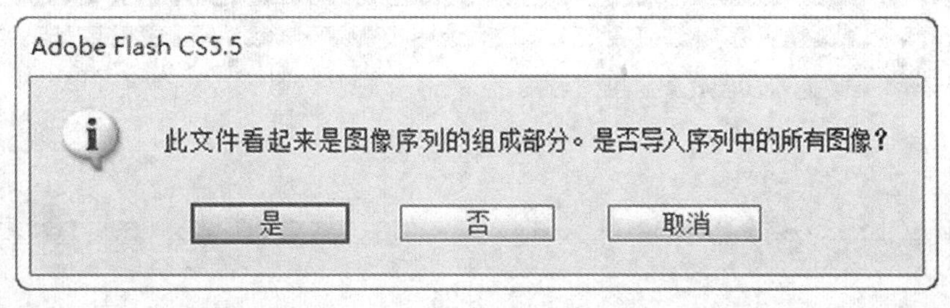

图 3–24

提示：

1. 在使用图像序列时尽量使用压缩比较好的.jpg、.gif、.png 格式，不要使用如.tif 这种体积较大的图形格式，并且如果要作为序号导入，则需要注意将名称定义为有序数字。

2. 当导入图形文件所在文件夹中，存在序列名称时，会弹出如图 3–24 所示的提示对话框，如果单击“是”按钮，会自动以逐帧方式导入到 Flash 中，单击“否”按钮，则只会将选择的图像导入到 Flash 中。

3. 将［蝴蝶］影片剪辑中图层 1 中的帧全部选中，按住 Alt 键拖动（复制）到第七帧，点击右键，在弹出的快捷菜单中选择［翻转帧］命令，这样可以制作一个蝴蝶飞的全部动作。中间适当加帧可以控制蝴蝶翅膀煽动的快慢，如图 3–25 所示。

图 3–25

子项目五：闪烁的星星

项目目标：

1. 掌握多角星型工具的使用方法。

2. 掌握任意变形工具的使用方法。

项目要求：

将闪烁的星星绘制成影片剪辑，并做成闪烁的效果。

项目实训步骤：

1. 新建［影片剪辑］命名为［星星］，在第 1 帧上点击工具栏中［多角星型工具］，设置［属性>工具设置>星型］，［笔触颜色］和［填充颜色］为黄色，在舞台中绘制星星。

2. 在第 15 帧和第 30 帧分别按 F6 键插入关键帧，并利用任意变形工具调整第 15 帧的星星稍大一些。

3. 在第 1 帧和第 15 帧的中间任意帧处单击右键选择［创建补间形状］。

4. 在第 15 帧和第 30 帧的中间任意帧处单击右键选择［创建补间形状］，如图3-26 所示。

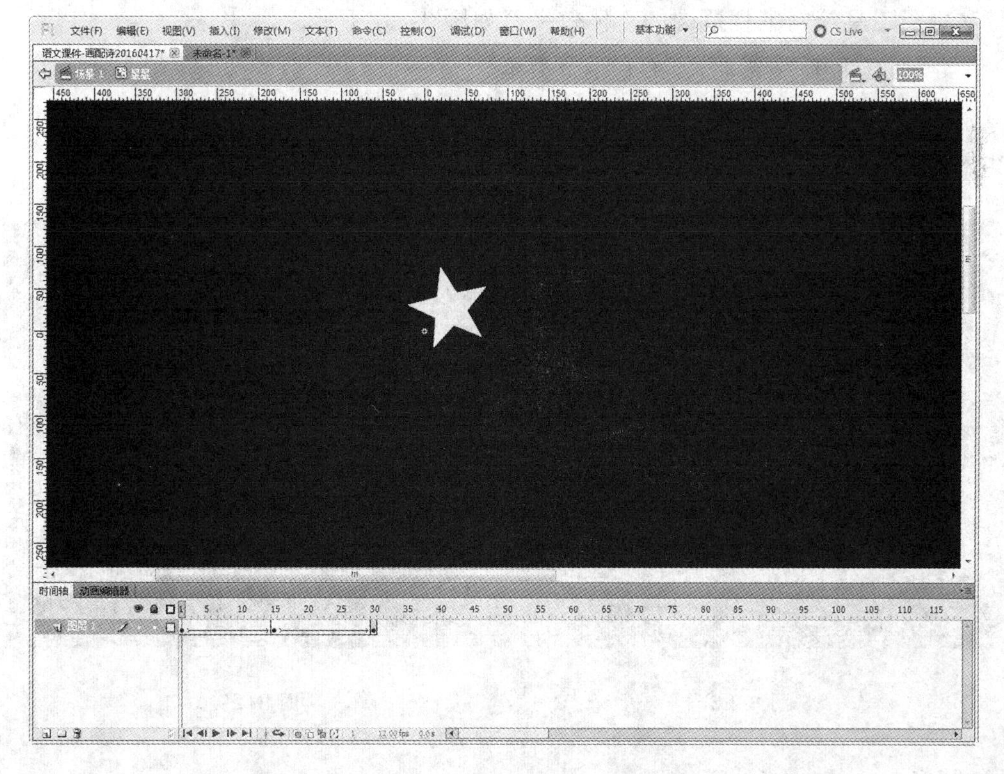

图 3-26

子项目六：制作毛笔

项目目标：

1. 进一步熟练掌握矩形工具和椭圆工具的使用方法。

2. 掌握钢笔工具的使用方法。

项目要求：

手绘毛笔效果图，注意同一图层中各形状的排列顺序。

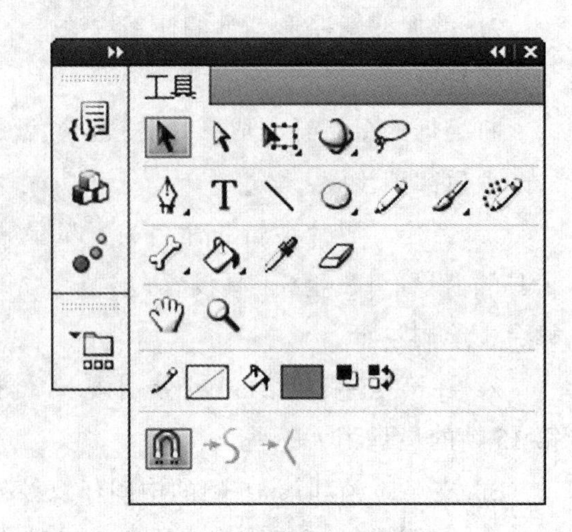

图 3-27

项目实训步骤：

1. 在［毛笔］元件场景中，新建［图层 1］绘制毛笔笔具，填充黑色。

2. 新建［图层 2］，单击工具栏中的［矩形工具］，［笔触颜色］选择无色，［填充颜色］选择棕色，绘制矩形框作为笔杆，如图 3-27 所示。

3. 新建［图层 3］，使用椭圆工具和刷子工具绘制笔杆顶端的立体效果，如图 3-28 所示。

4. 框选毛笔，按［Ctrl+G］组合键组合。

5. 使用［任意变形工具］，向右旋转 45 度，使毛笔看起来更形象逼真，如图 3-29 所示。

图 3-28

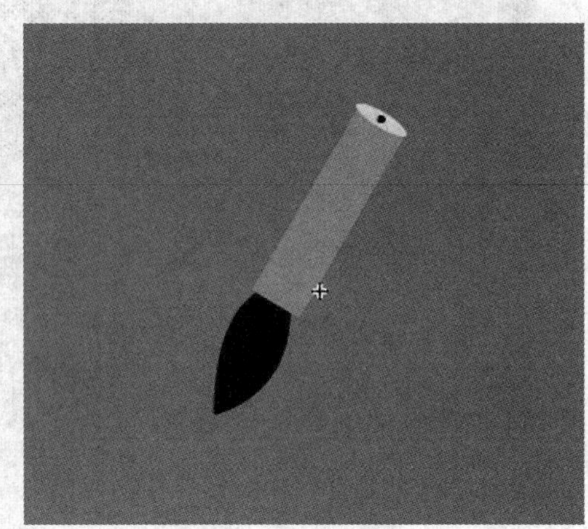

图 3-29

子项目七：制作按钮

项目目标：

1. 掌握按钮的制作方法。

2. 掌握文本工具的使用方法。

项目要求：

制作两个按钮［下一页］、［返回首页］按钮，实现两个场景的相互跳转。

项目实训步骤：

1. 单击［插入>新建元件］，弹出［新建元件］对话框，名称为［下一页按钮］，类型为［按钮］。

2. 点击［矩形工具］，设置［笔触颜色］为红色和［填充颜色］为浅黄色，在时间轴中［弹起］帧中绘制一个矩形。

3. 选择［文本工具］，字体和大小自定义（与矩形大小相匹配即可），输入文字［下一页］。

4. 在时间轴中的［指针经过帧］、［按下］帧插入关键帧，［点击］帧可不设置，默认即可。

5. 按［Ctrl+L］组合键，打开库面板，选中［下一页按钮］，单击右键，在弹出的菜单中选择［直接复制］，在弹出的对话框中修改按钮的名称为［返回首页按钮］，并修改按钮中的文字为［返回首页］。按钮呈现形式如图 3-30 和 3-31 所示。

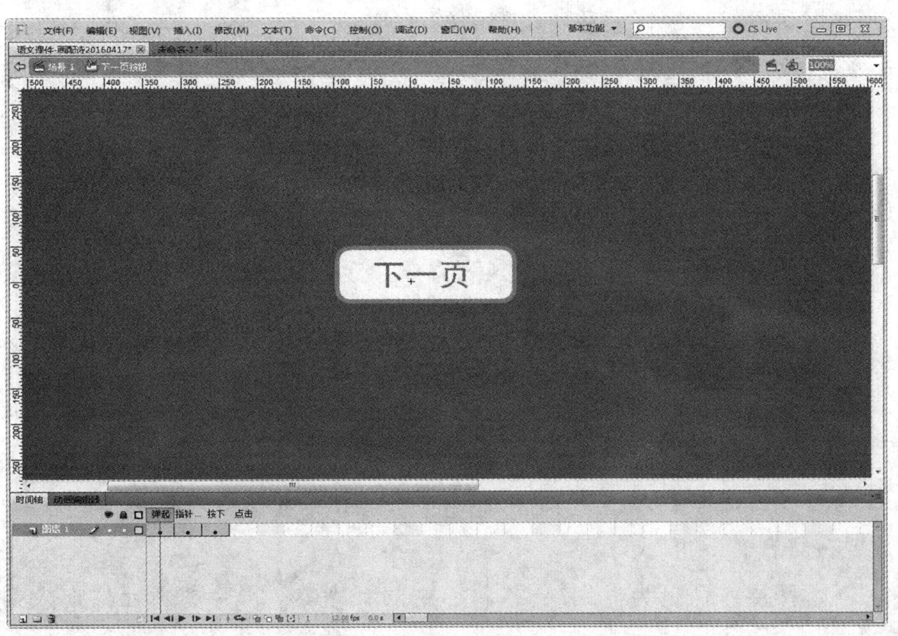

图 3-30

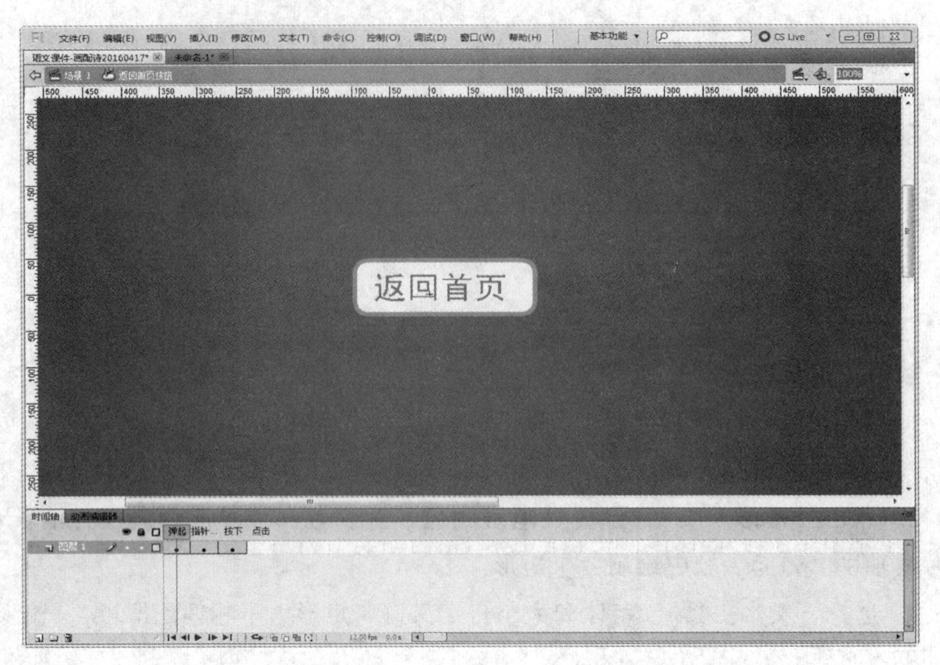

图 3–31

子项目八：画配诗

项目目标：

1. 掌握文本工具的使用方法。

2. 掌握将段落一次打散和两次打散的区别。

3. 掌握文字逐字出现的制作原理。

4. 掌握毛笔写字效果的制作方法。

项目要求：

能够实现毛笔在竹简上书写文字的动画效果。

项目实训步骤：

1. 在［场景1］中，单击菜单［修改>文档］命令，在弹出［文档设置］的对话框中，将［背景颜色］设置为［黑色］。

2. 在［场景1］中双击［图层1］改名为［背景］，将库中的［竹简书］拖入到舞台。

3. 新建图层，命名为［花朵］，将库中的［花朵］图形元件拖入到［场景1］中，放置在舞台右下角。

4. 新建图层，命名为［蝴蝶］，将库中的［蝴蝶］影片剪辑元件拖入到［场景1］中，为了突出动态效果，本实例拖进两只蝴蝶。

5. 新建图层，命名为［星星］，将库中的［星星］影片剪辑元件和［月亮］拖入到［场景 1］中，为了突出动态效果，本实例拖进三颗星星。

6. 新建图层，命名为［下一页按钮］，将库中的［下一页］按钮元件拖入到［场景 1］中，如图 3-32 所示。

图 3-32

7. 新建图层，命名为［action］，这一图层的作用是设置 stop 动作语句 stop()，要达到的效果是播放完［场景 1］之后，停止播放［场景 2］。

8. 单击［背景］图层，在其之上新建两个图层，分别命名为［文字］和［毛笔］。

9. 在［文字］图层的第 1 帧上，选择［文本工具］，并设置属性，［颜色］为黑色，［系列］为华文行楷，［大小］为 43 点，垂直排列。

10. 在［文字］图层的第 1 帧上输入古诗。

静夜思

李白

床前明月光，疑是地上霜。

举头望明月，低头思故乡。

输入时不要输入标点符号，每句话占一列。

11. 为保证背景和文字出现有时间间隔，选中［文字］图层的第 1 帧，向后拖动到第 7 帧上。

12. 选中［文字］图层的第 7 帧，按［Ctrl+B］组合键，将古诗打散，这时古诗将会被打散为单独的一个字，为了使其竖排排列并和竹简对齐，需要将每一列上的字进行分别组合，最后调整每一列和相应的竹简对齐，如图 3-33 所示。

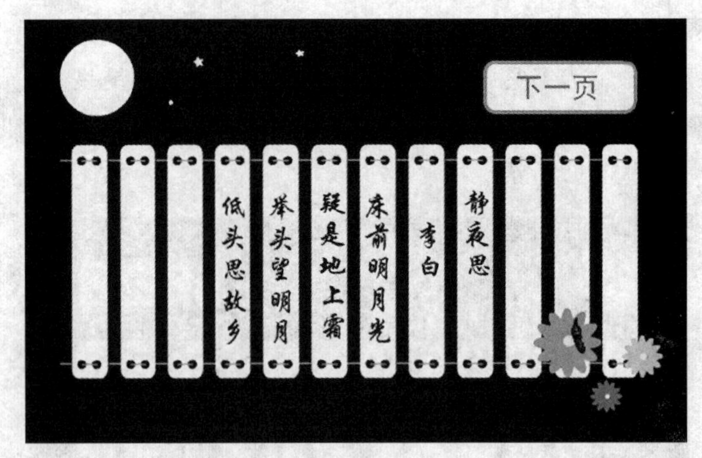

图 3-33

13. 和竹简对齐后，再框选所有的文字，按［Ctrl+B］组合键，再一次将古诗打散为单独的一个字。

14. 在［文字］图层上，拖选 8-31 帧，按 F6 键，插入关键帧，这时在 7-31 的每一帧上，都有古诗文本。

15. 在［文字］图层上选中第 7 帧，保留［静］字，其余文字删除，在第 8 帧上，保留［静］和［夜］字，其余文字删除，以此类推，第 31 帧上保留全部古诗。

16. 做好古诗逐字出现的效果后，为了让其出现的时间有间隔，可以在每相邻的两个关键帧中间加 5 帧的停留时间。

17. 在［毛笔］图层上，对［毛笔］设置的动画是以列为单位，做路径动画。毛笔的出现比每列文字的出现提前一帧。

18. 按［Ctrl+Enter］组合键，测试［场景 1］影片。

子项目九：诠释诗句

项目目标：

1. 掌握文本工具的使用方法。
2. 掌握将段落一次打散和两次打散的区别。
3. 掌握文字逐字出现的制作原理。
4. 掌握毛笔写字效果的制作方法。

项目要求：

能够实现毛笔在竹简上书写文字的动画效果。

项目实训步骤：

1. 场景 2 的制作方法和场景 1 的制作方法是一样的，区别是按钮换成了［返回首页］按钮。设置方法参照［子项目八：画配诗——制作场景 1］，如图 3–34 所示。

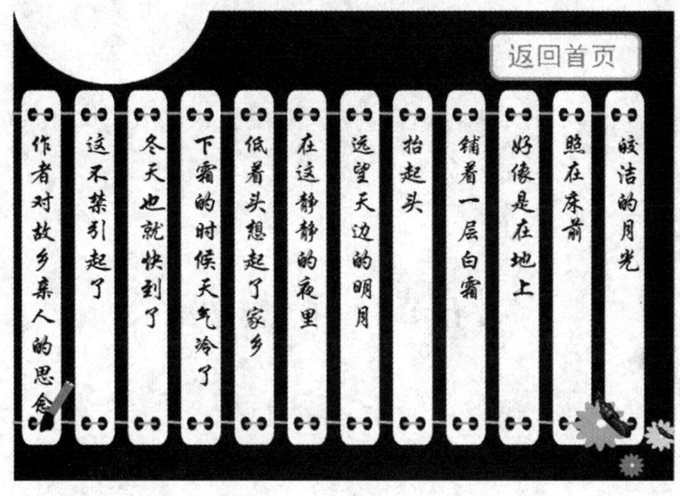

图 3–34

子项目十：制作转场效果

项目目标：

1. 掌握控制场景播放的方法。

2. 掌握 stop（）语句的设置方法。

3. 掌握 gotoandplay（）语句的设置方法。

项目要求：

能够控制场景的播放和场景之间通过按钮相互跳转的效果。

项目实训步骤：

1. 在场景 1 中选择［action］图层，在第 157 帧上，插入空白关键帧，在这一帧上单击右键选择［动作］命令，输入 stop（）；语句。

2. 在场景 2 中选择［action］图层，在第 466 帧上，插入空白关键帧，在这一帧上单击右键选择［动作］命令，输入 stop（）；语句。

3. 在场景 1 舞台中，右键单击［下一页］按钮，在弹出的菜单中，选择［动作］命令，输入语句如下：

```
on (release) {
gotoAndPlay(" 场景 2", 1);
}
```

4. 在场景 2 舞台中，右键单击［返回首页］按钮，在弹出的菜单中，选择

[动作] 命令，输入语句如下：

```
on (release) {
gotoAndPlay(" 场景 1", 1) ;
}
```

5. 按 [Ctrl+Enter] 组合键观看影片，制作完毕后，保存并导出.swf格式影片。

第五节　项目拓展

项目一：

制作倒计时效果，如图 3–35 所示。

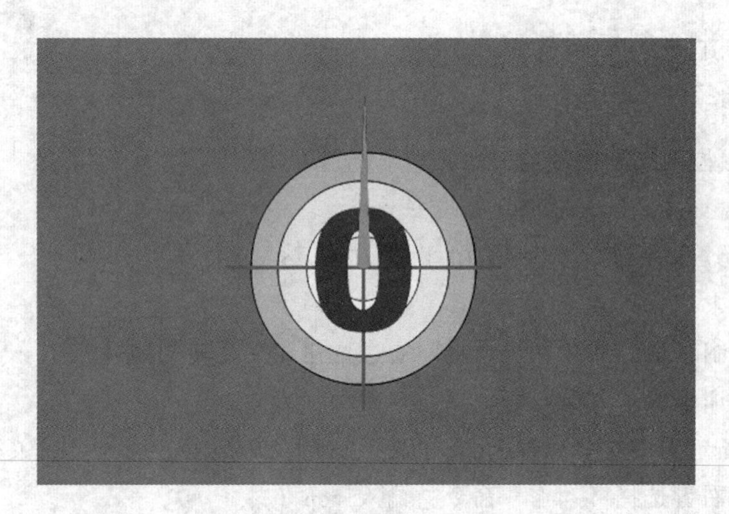

图 3–35

项目要求：

1. 元素分析：圆环的绘制、时针元件、数字 0–9。
2. 使用任意变形工具，对计时针旋转的中心进行调节。
3. 计时针旋转和数字倒计时同步。

项目二：

制作写字效果，如图 3–36 所示。

项目要求：

1. 元素分析：人跑步的序列图片。

2. 分解制作五个跑步的动作，利用逐帧动画的原理绘制出人跑步的连贯动作。

图 3-36

项目三：

制作流动的方块，如图 3-37 所示。

图 3-37

项目要求：

1. 元素分析：手绘方块（散件）。

2. 要求 16 个方块的排列有序。

第四章　电子儿歌——补间动画的制作

补间动画是 Flash 软件提供的一项强大的动画制作功能，通过补间动画可以制作各式各样的动画效果。电子相册则是补间动画最常见的应用，通过这种电子版的方式展示儿歌内容或相册内容是一种新颖、高效的方式，既节省了资源，又可以激发更多受众群众的兴趣。本章主要通过制作一个电子儿歌的实例，让学习者掌握元件、实例、补间动画等的概念及应用方法。

第一节　元件和实例

一、元件和实例的概念

元件是一种可以重复使用的对象，每个元件都有一个唯一的时间轴、舞台以及图层，重复使用元件不会增加文件的大小。元件的另一个好处是使用它们可以创建完整的交互性。

实例是元件在场景中的一次应用。将库当中的元件拖放到场景中即创建了该元件的一个实例。实例可以与它的元件在颜色、大小和功能上有差别，可以在 ActionScript 中使用实例名称来引用实例。

修改元件的内容则实例中的内容也随之改变。

二、元件的类型

元件共分为 3 种：图形元件、按钮元件和影片剪辑元件，如图 4-1 所示。

1. 图形：图形元件可用于静态图像，也可用来创建动画片断。它的时间轴和主时间轴同步。交互式控件在图形元件中不起作用。

2. 按钮：可以创建用于响应鼠标单击、滑过或其它动作的交互式按钮。可以定义与各种按钮状态关联的图形，然后将动作指定给按钮实例。

3. 影片剪辑：用来创建可重复使用的动画片段。影片剪辑拥有各自独立于主时间轴的时间轴。它们可以包含交互式控件、声音和其它影片剪辑实例。

三、元件的创建

可以通过舞台上选定的对象来创建元件，也可以创建一个空元件，然后在元件编辑模式下制作或导入内容。

1. 创建一个新的空元件

(1) 选择 [插入>新建元件]。

(2) 单击 [库] 面板左下角的 [新建元件] 按钮。

(3) 从 [库] 面板右上角 [库面板>新建元件]。

在出现如图 4-1 所示的创建新元件对话框中点击 [确定]，Flash 会将该元件添加到库中，并切换到元件编辑模式。在元件编辑模式下，元件的名称将出现在舞台左上角的上面，并由一个十字光标指示该元件的注册点。

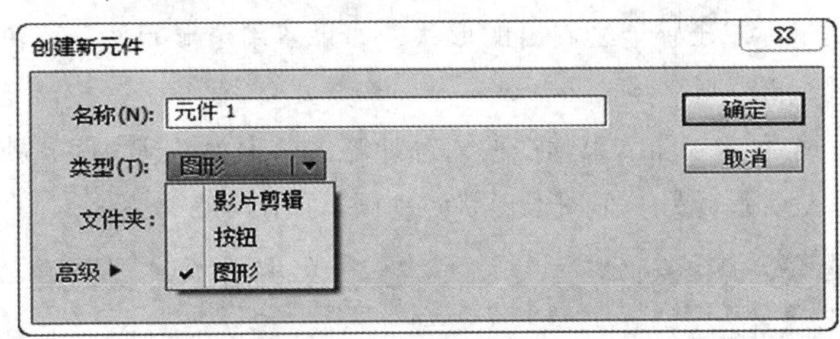

图 4-1

2. 将选定对象转换为元件

(1) 选择 [修改>转换为元件]。

(2) 将选中元素拖到 [库] 面板上。

(3) 单击右键，然后从快捷菜单中选择 [转换为元件]。

(4) 从键盘上敲击快捷键 F8 键，将选定对象转换为元件。

在出现如图 4-1 所示的 [转换为元件] 对话框中，输入元件名称并选择类型。

四、编辑元件

1. 在舞台上选择该元件的一个实例，单击右键，然后选择 [在新窗口中编辑]。在单独的窗口中编辑元件可以同时看到该元件和主时间轴。

2. 在舞台上双击该元件的一个实例，打开元件编辑模式，正在编辑的元件的名称会显示在舞台顶部的编辑栏内，位于当前场景名称的右侧。

3. 双击库面板中的元件名称，打开元件编辑模式，对元件进行编辑。

第二节　补间动画

补间动画由若干属性关键帧和补间范围组成。Flash 可根据各属性关键帧提供的补间目标对象的属性值计算生成各属性关键帧之间的各个帧中补间对象的大小、位置和颜色等，使对象从一个属性关键帧过渡到另一个属性关键帧。

一、形状补间动画

1. 形状补间的概念

形状补间动画可以实现两个图形之间颜色、形状、大小、位置的变化。使用的元素多为用鼠标或压感笔绘制出的形状，如果使用图形元件、按钮、文字，则必须先［打散］再变形。

Flash 将根据起始帧和结束帧中的内容计算出两个关键帧之间各帧的画面，创建一个图形形状变形为另一个图形形状的动画，如图 4–2 所示。

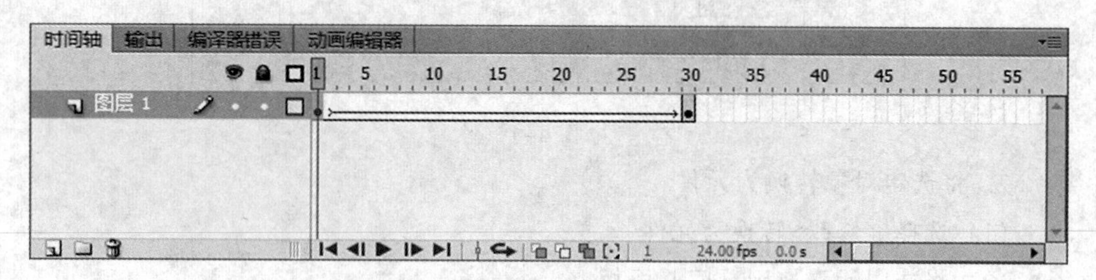

图 4–2

2. 创建方法

在时间轴面板上动画开始播放的地方创建或选择一个关键帧，并设置要开始变形的形状，一般一帧中以一个对象为好，在动画结束处创建或选择一个关键帧并设置要变成的形状，再单击中间任意一帧。然后创建补间动画，方法如下：

方法一：选择菜单栏［插入>补间形状］，如图 4–3。

方法二：还可在右键快捷菜单中选择［创建补间形状］，如图 4–4。

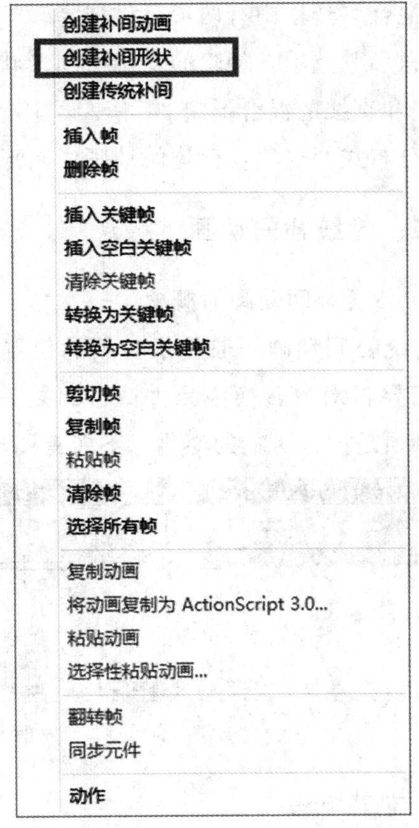

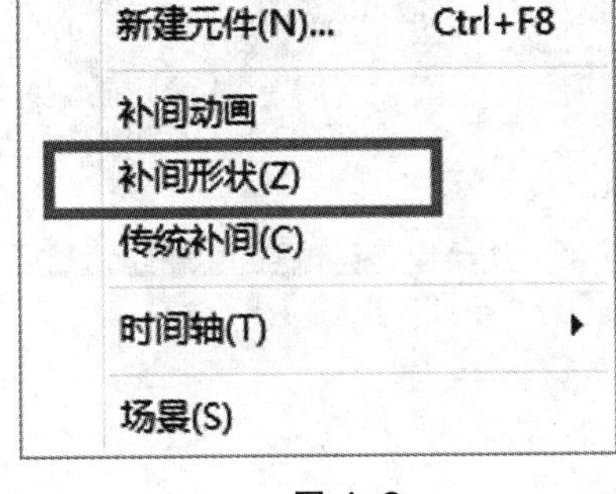

图 4–3

图 4–4

3. 属性设置

形状补间的［属性面板］如图 4–5 所示。

形状补间动画的［属性］面板上有两个参数需要注意：

（1）［缓动］选项

点击拖动数字左右移动，数字就会发生变化，形状补间动画会随之发生相应的变化。

在 1 到 –100 的负值之间，动画运动的速度从慢到快，朝运动结束的方向加速度补间。

在 1 到 100 的正值之间，动画运动的速度从快到慢，朝运动结束的方向减慢补间。

默认情况下，补间帧之间的变化速率为 0，是不变的。

（2）［混合］选项

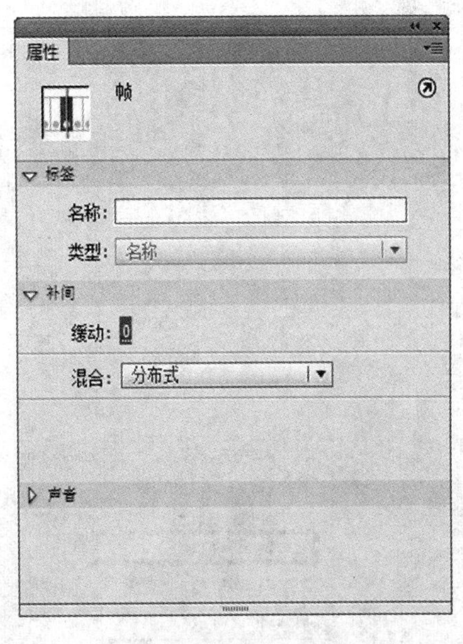

图 4–5

[混合] 选项中有两项可供选择：

[角形] 选项：创建的动画中间形状会保留有明显的角和直线，适合于具有锐化转角和直线的混合形状。

[分布式] 选项：创建的动画中间形状比较平滑和不规则。

二、传统补间动画

1. 传统补间动画的概念

传统补间动画一般是指对象的位置、大小、透明度等发生变化的动画形式，通常需要将对象转换为元件或群组之后再创建补间，如图 4-6。值得注意的是，变化必须是同一对象的变化，不能有图形的出现。

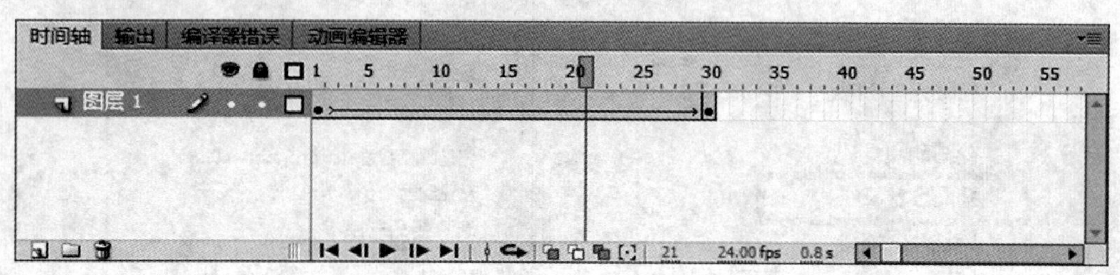

图 4-6

2. 创建方法

方法一：选择菜单栏 [插入>传统补间]，如图 4-7。

方法二：在右键快捷菜单中选择 [创建补间形状]，如图 4-8。

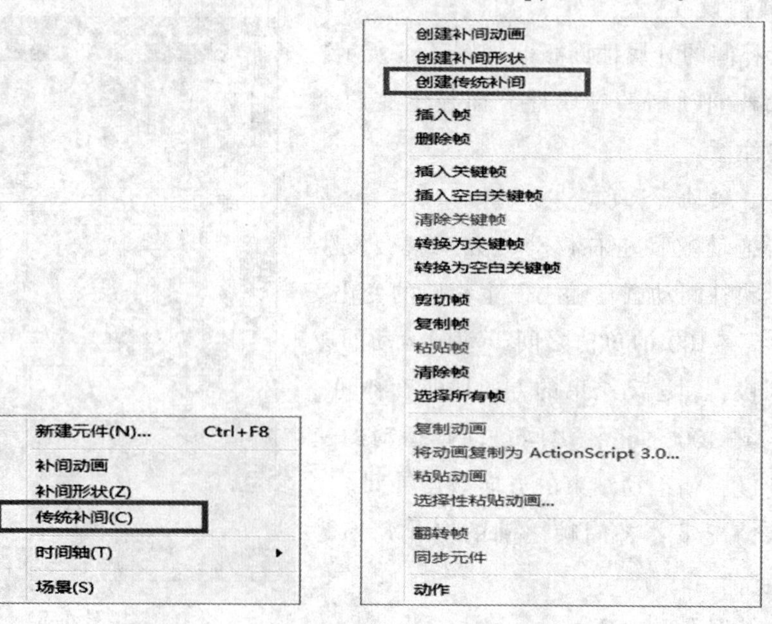

图 4-7

图 4-8

3. 属性设置

传统补间动画的［属性］面板如图 4-9 所示。

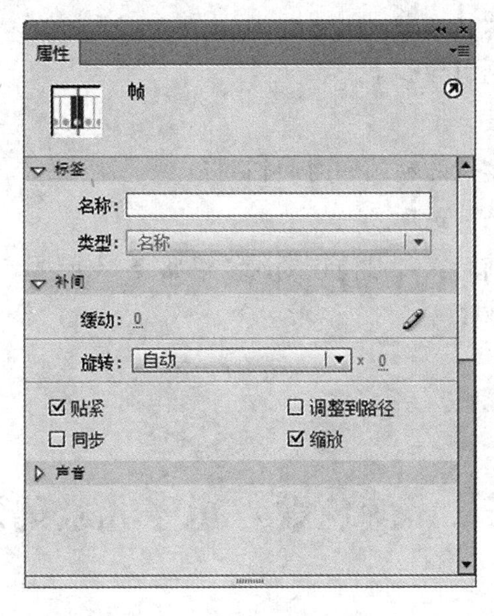

图 4-9

（1）［缓动］选项

如形状补间动画的［缓动］属性相同，用以创建由快到慢、由慢到快的变速效果。点击后面的 按钮，在打开的对话框中可以自定义动画的快慢变化，如图 4-10 所示。

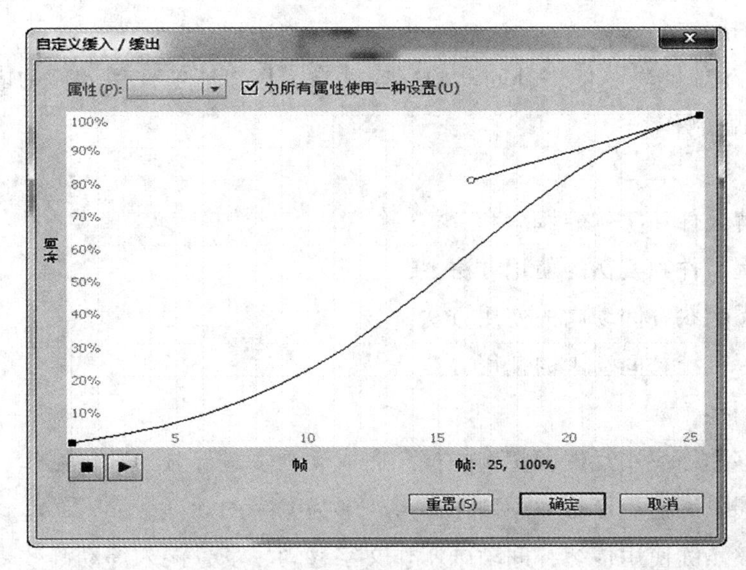

图 4-10

(2) ［旋转］选项

用以设置对象的旋转动画，四个选项分别是：无、自动、顺时针、逆时针。

(3) ［贴紧］选项

可以将对象贴紧到引导线上。

(4) ［同步］选项

可以使图形元件实例的动画和时间轴同步。

(5) ［调整到路径］选项

在制作引导层动画时，可以使运动对象沿路径运动。

(6) ［缩放］选项

可以改变对象大小。

第三节 《颜色歌》电子儿歌的制作

项目名称：

《颜色歌》电子儿歌的制作

项目背景：

某儿童用品商店需要在店内播放一些与儿歌配套的卡通动画，要求色彩鲜艳、动画生动。

项目规格：

需要学生能够熟练使用补间动画完成动画制作，能够使用元件的嵌套动画完成复杂的动画制作。

知识目标：

1. 了解元件和实例的概念和分类。
2. 掌握元件和实例的使用方法。
3. 掌握形状补间动画的使用方法。
4. 掌握传统补间动画的使用方法。

技能目标：

1. 能够熟练应用元件和实例的概念完成动画多个部分的独立制作。
2. 能够熟练使用形状动画制作图形变形为文字的动画。
3. 能够熟练使用传统补间动画制作文字移动、场景淡入等动画效果。

子项目一：绘制方格背景

项目目标：

能够使用直线工具、对齐面板和油漆桶工具完成背景图案的绘制。

项目要求：

线条分布均匀、颜色单一，不能太过绚丽，喧宾夺主，影响最终动画效果。

项目实训步骤：

1. 新建一个文档，属性设置如图4-11 所示。修改图层一的名字为“背景”。

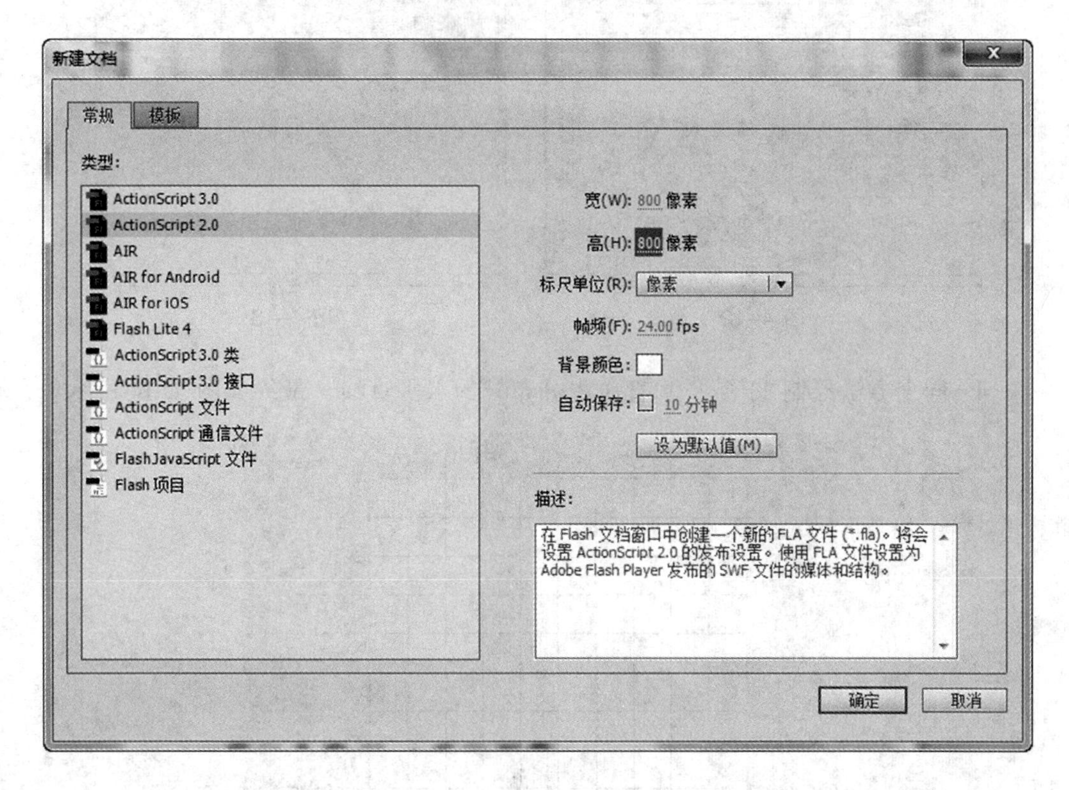

图 4-11

2. 选择直线工具，边线颜色为黑色。在舞台上绘制一条垂直的直线，属性设置如图 4-12 所示。

3. 复制一条直线，设置 X：800，Y：0。在这两条直线之间复制 9 条同样的直线，全选这 11 条直线，选择［对齐面板>水平居中分布］，如图 4-13 所示。

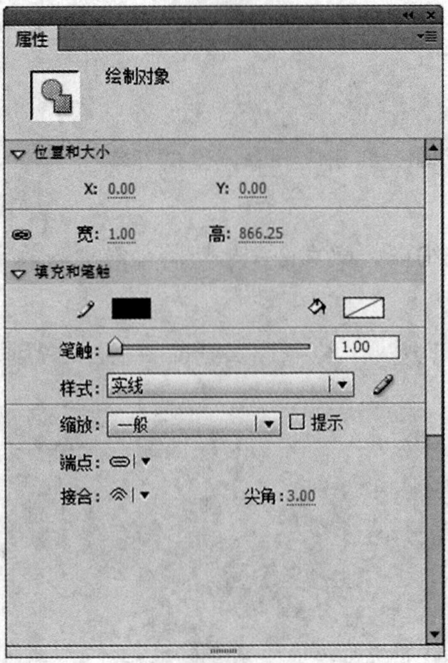

图 4-12

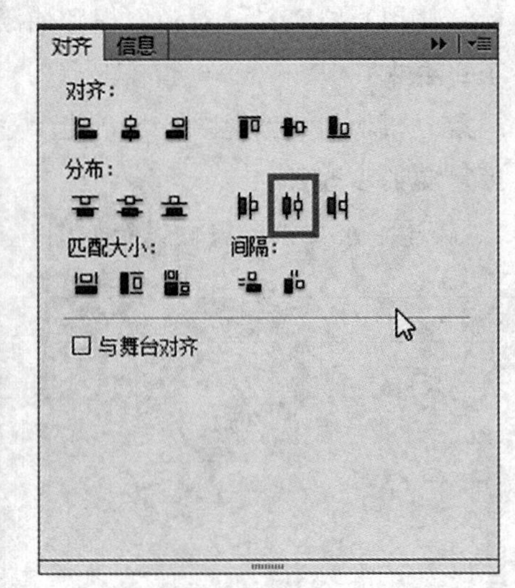

图 4-13

4. 同上方法绘制 11 条［垂直居中分布］的水平直线，最终如图 4-14 所示。

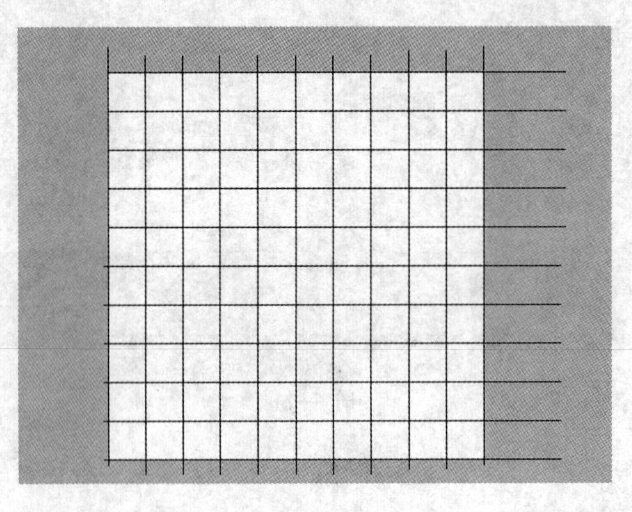

图 4-14

5. 选择油漆桶工具，设置填充颜色为［#FFFF7F］，间隔填充方格，如图 4-15 所示。

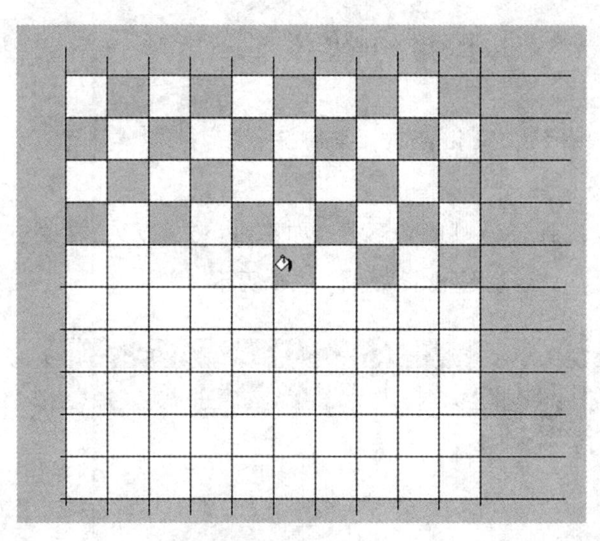

图 4–15

6. 双击线条，选择所有线条，删除线条，如图 4–16 所示。锁定背景图层，如图 4–17 所示。

图 4–16

子项目二：文字下落动画制作

项目目标：

1. 学会元件的创建方法。
2. 学会使用传统补间动画制作文字动画。

3. 学会使用［缓动］来调整动画的速度。

项目要求：

文字运动有快有慢，变化自然，动画流畅。

项目实训步骤：

1. 新建图层，命名为［颜色歌］，如图 4–17 所示。在新建图层中创建文本“颜色歌”三个字。文字属性设置如图 4–18 所示。

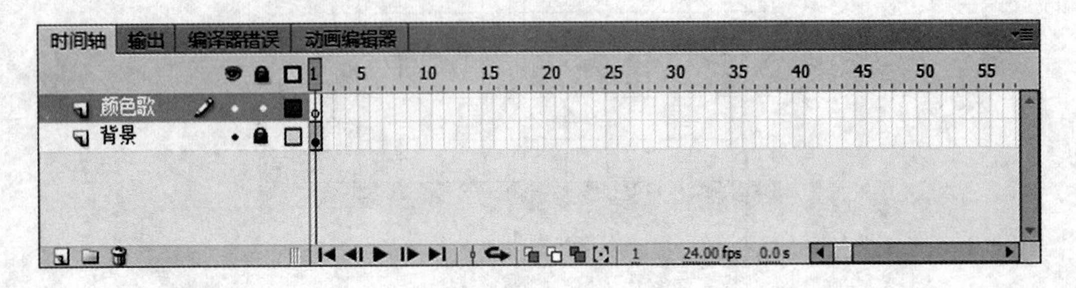

图 4–17

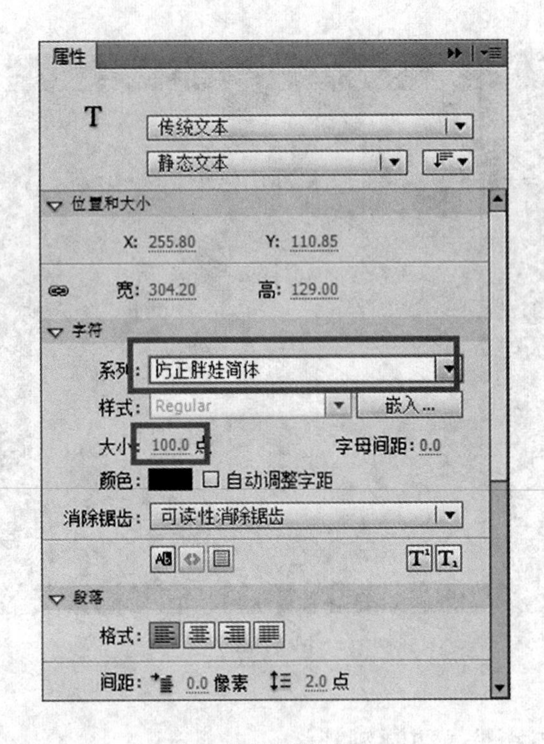

图 4–18

2. 选择“颜色歌”三个字，将其转换为元件，设置如图 4–19 所示。

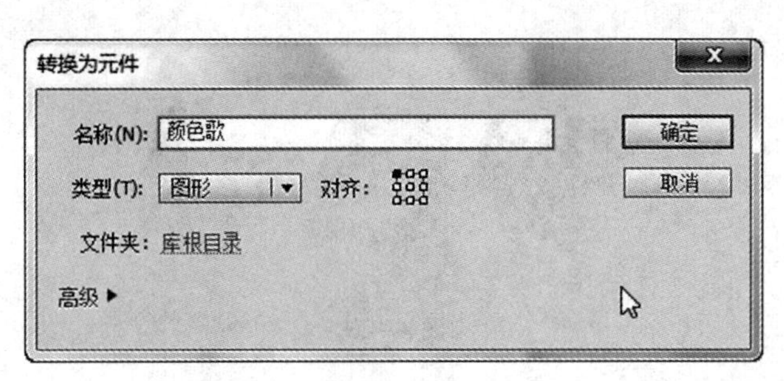

图 4-19

3. 双击进入“颜色歌”图形元件的编辑状态，分离文字，颜色分别填充为［#FF0000］、［#009900］、［#0099FF］，如图 4-20 所示。

4. 选择文字，右键快捷菜单中选择［分散到图层］，分别将三个文字转换为图形元件，名字分别为“颜”、“色”、“歌”，如图 4-21 所示。

颜色歌

图 4-20

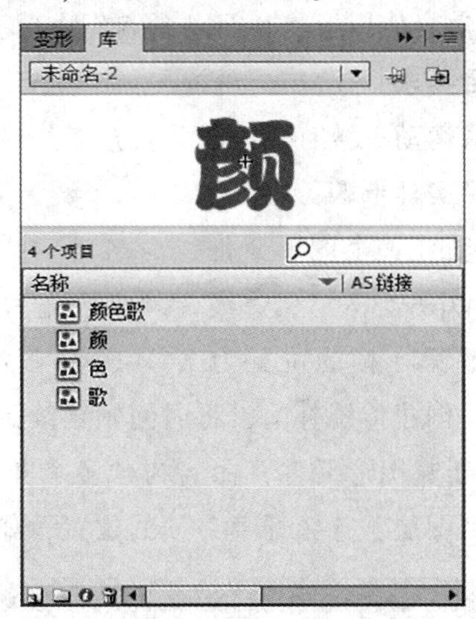

图 4-21

5. 在时间帧的第 30 帧插入关键帧，创建传统补间，如图 4-22 所示。调整第 1 帧的位置为 Y：80，调整第 30 帧的位置为 Y：400。在第 37 帧处插入关键帧，分别调整三个文字的倾斜度，如图4-23 所示。延续时间帧至 300 帧的位置。

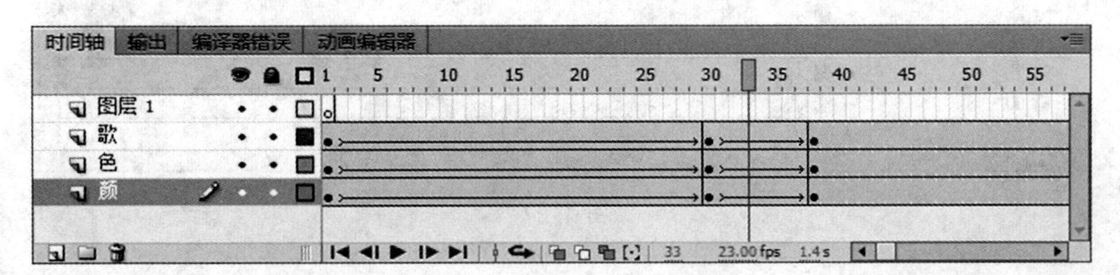

图 4-22

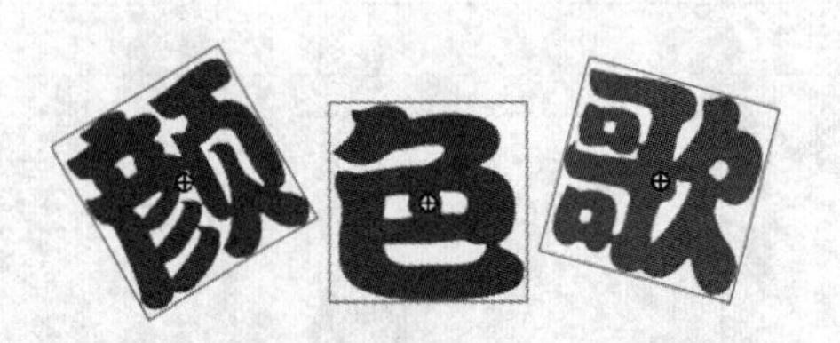

图 4-23

子项目三：小圆球滚动变形动画制作

项目目标：

1. 学会元件的嵌套使用方法。

2. 学会使用传统补间动画制作小球滚动动画。

3. 学会使用形状补间动画制作小球变形为文字的动画。

项目要求：

小球运动有缓有急，时间安排有序；小球变成文字的动画要流畅自然。

项目实训步骤：

1. 新建一个图形元件，命名为“圆”，在图形元件的第1帧绘制一个正圆，大小为43px*43px，无边线，颜色填充为蓝色［#0099FF］。在第50帧处插入关键帧。调整第1帧的位置为X：-634，Y：21，调整第30帧的位置为X：21，Y：21。中间创建传统补间，将时间帧延续到第300帧。

2. 新建图形元件，命名为“多个圆”，拖入［圆］元件，并复制9个，将他们分散到图层，并错开第一帧的位置，如图4-24所示。

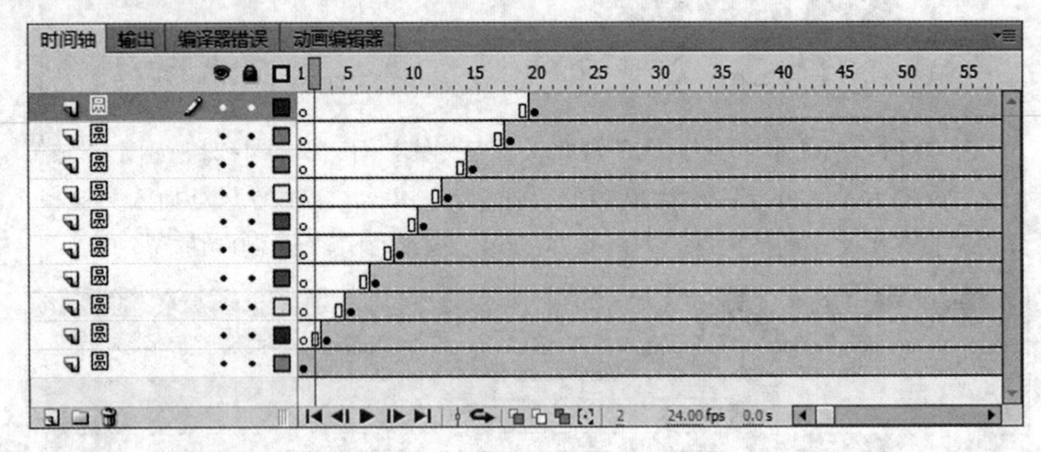

图 4-24

3. 右键单击库里的“多个圆”，在弹出的快捷菜单里选择［直接复制］，如图

4–25 所示。

4. 选择菜单栏［插入>新建元件］，设置如图 4–26 所示。

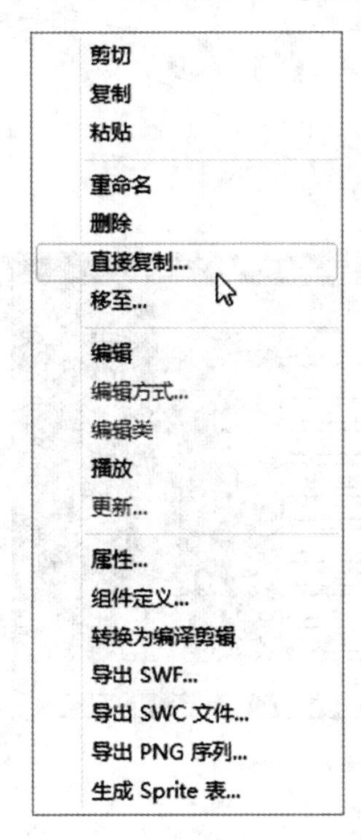

图 4–25

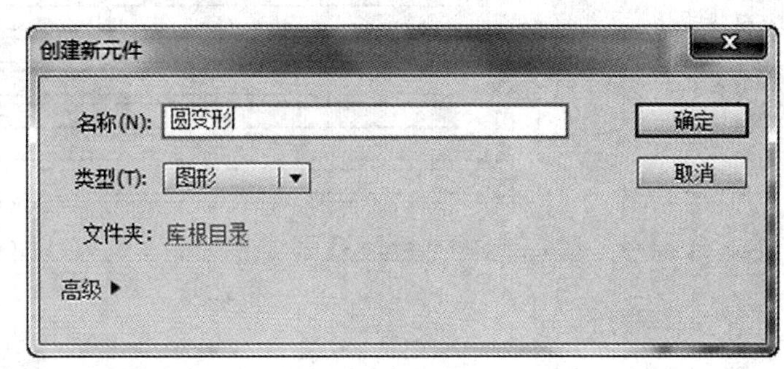

图 4–26

5. 选择［多个圆］元件所有图层的第 130 帧，单击右键菜单选择［复制帧］，在［圆变形］元件的第 1 帧，单击右键菜单选择［粘贴帧］，如图 4–27 所示。

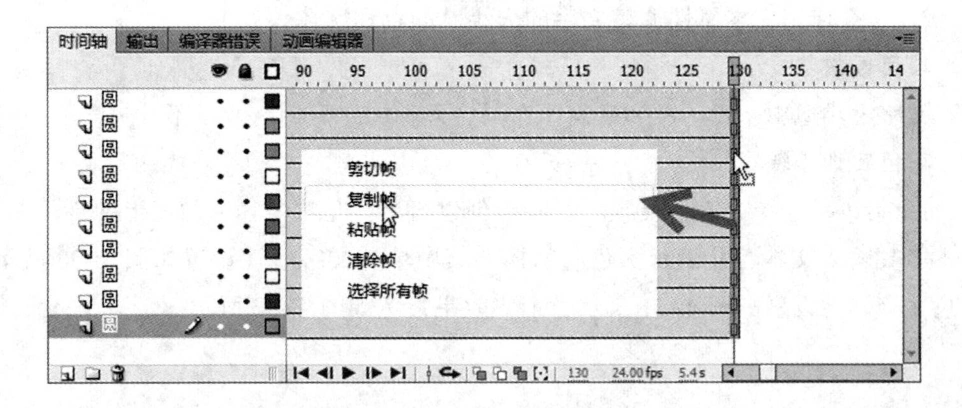

图 4–27

6. 选择所有图层的第 1 帧，敲击 Ctrl+B 组合键分离所有图层内容。在时间帧的第 40 帧处插入关键帧，输入对应的文本和颜色，如图 4–28 所示。中间创建形状补间动画，并将时间帧延续到第 300 帧，如图 4-29 所示。

COLOURSONG

图 4-28

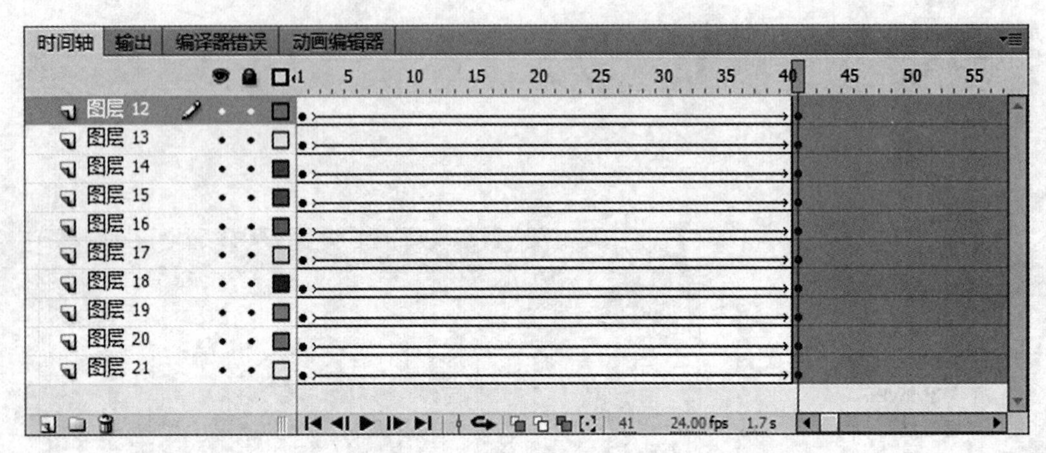

图 4-29

子项目四：文字内容的排版

项目目标：

1. 学会使用文本工具创建文字。

2. 学会使用文本属性调整文字的大小、颜色和字体。

项目要求：

文字大小适中，行间距和字间距布局合理，文字颜色与背景不冲突。

项目实训步骤：

1. 菜单栏选择［插入>新建元件］，创建名为“儿歌内容”的图形元件。使用文本工具输入文本，并设置颜色和字体。其中单色文字属性设置如图 4-30 所示，彩色文字属性设置如图 4-31 所示，最终效果参考如图 4-32 所示。

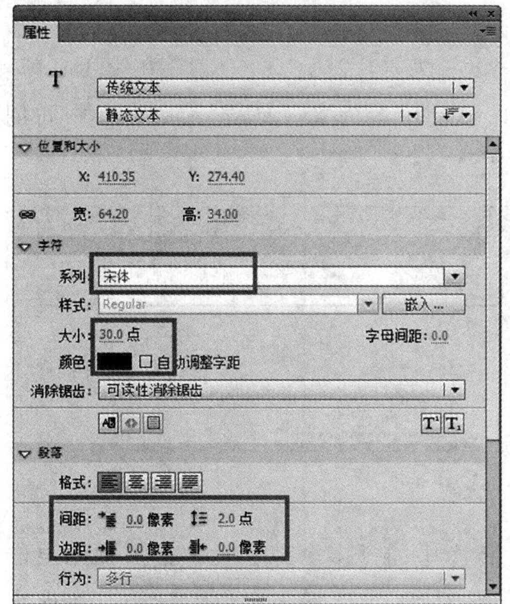

属性
传统文本
静态文本
位置和大小
X: 410.35 Y: 274.40
宽: 64.20 高: 34.00
字符
系列: 宋体
样式: Regular
嵌入...
大小: 30.0 点
字母间距: 0.0
颜色: 自动调整字距
消除锯齿: 可读性消除锯齿
段落
格式:
间距: 0.0 像素 2.0 点
边距: 0.0 像素 0.0 像素
行为: 多行

图 4-30

属性
传统文本
静态文本
位置和大小
X: 142.25 Y: -43.30
宽: 64.20 高: 34.95
字符
系列: 华文琥珀
样式: Regular
嵌入...
大小: 30.0 点
字母间距: 0.0
颜色: 自动调整字距
消除锯齿: 可读性消除锯齿
段落
格式:
间距: 0.0 像素 2.0 点
边距: 0.0 像素 0.0 像素
行为: 多行

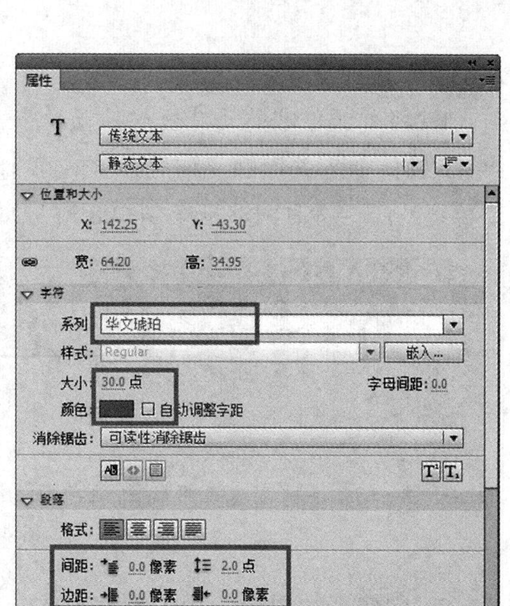

图 4-31

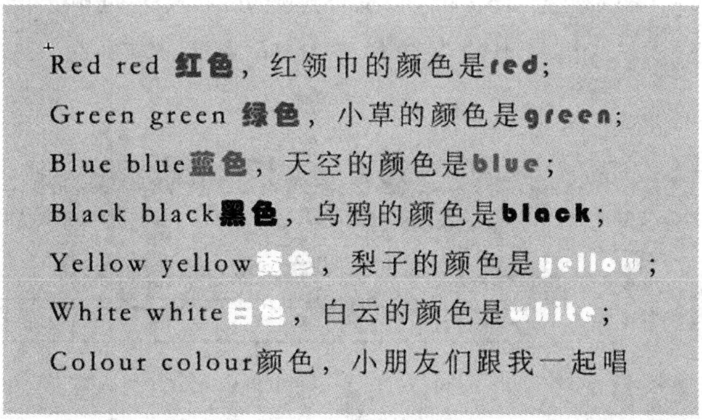

Red red 红色，红领巾的颜色是red;
Green green 绿色，小草的颜色是green;
Blue blue蓝色，天空的颜色是blue;
Black black黑色，乌鸦的颜色是black;
Yellow yellow黄色，梨子的颜色是yellow;
White white白色，白云的颜色是white;
Colour colour颜色，小朋友们跟我一起唱

图 4-32

子项目五：动画整合

项目目标：

1. 学会实例的创建方法。
2. 学会使用时间帧控制动画的播放。
3. 学会使用实例的属性制作淡入效果。
4. 学会使用传统补间制作文字的移动。

项目要求：

动画的播放节奏流畅、自然，整体效果协调，风格统一。

项目实训步骤：

1. 将［颜色歌］元件拖入到场景中，设置为X：250，Y：140。在第160帧、第185帧处插入关键帧，调整元件在第185帧的位置为X：250，Y：280。中间创建传统补间，将时间帧延续到300帧，如图4-33所示。

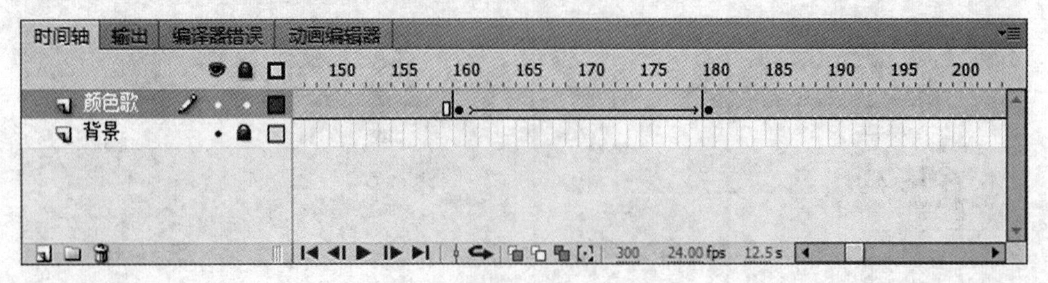

图4-33

2. 创建新的图层，命名为“彩球”，将库中的［多个球］元件拖入到图层的第1帧，位置设置为X：-100，Y：400。在第95帧处插入空白关键帧，将库中的［球变形］元件拖入到第95帧，位置为X：150，Y：400。

3. 在［彩球］图层的第160帧、第185帧处插入关键帧，改变第185帧实例的位置为X：150，Y：680。中间创建传统补间，将时间帧延续到第300帧，如图4-34所示。

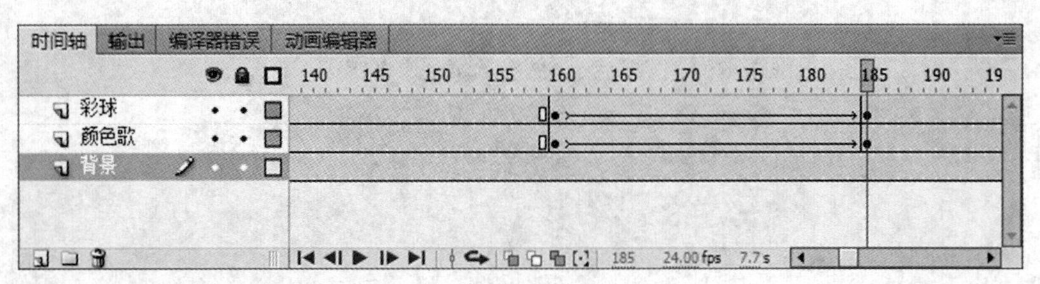

图4-34

4. 新建图层，命名为“内容”，如图4-35所示。

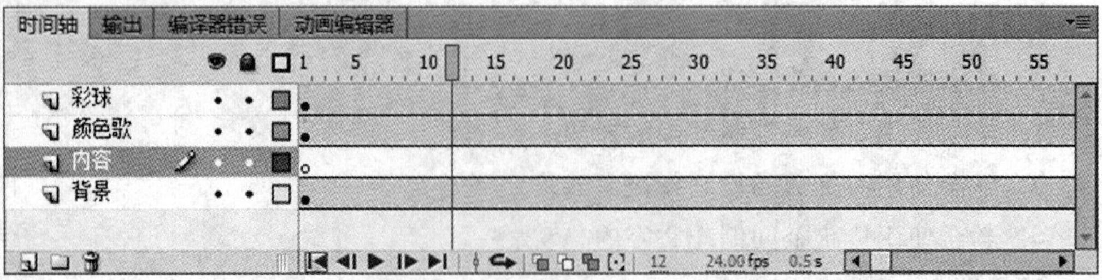

图4-35

5. 在［内容］图层的第 175 帧处插入关键帧，将库中的“儿歌内容”元件拖入到第 175 帧，位置设置为 X：90，Y：260，Alpha 设置为 0，如图 4-36 所示。

6. 在“内容”图层的第 210 帧处插入关键帧，Alpha 设置为 100，如图 4-37 所示。中间创建传统补间，并将时间帧延续到第 300 帧。

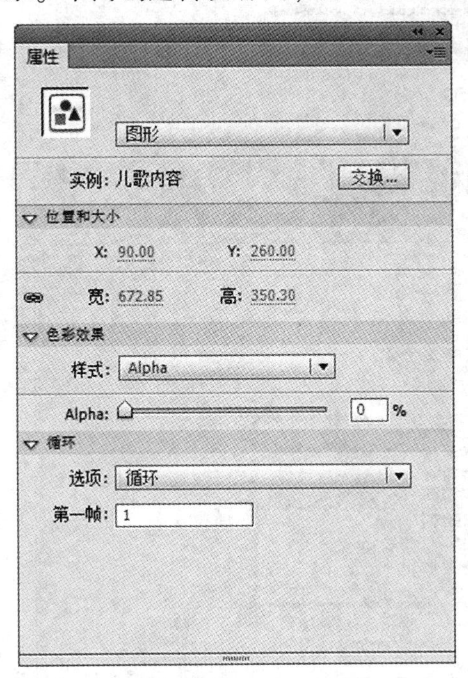

图 4-36

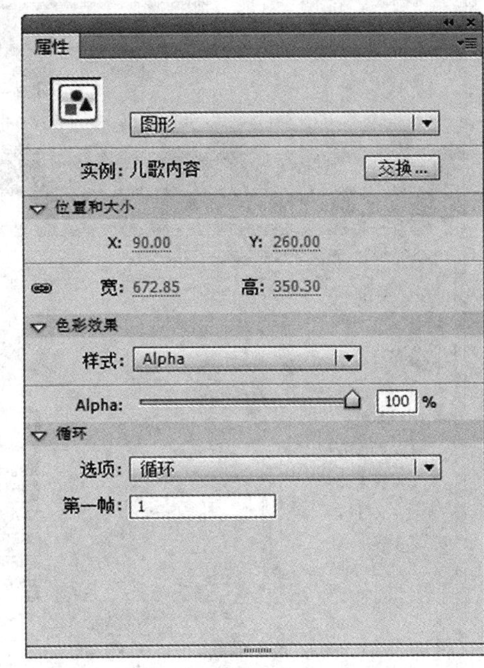

图 4-37

7. 选择［文件>保存］，在填出的对话框中输入动画的名字“读读小二歌”，并选择存放路径，如图 4-38 所示。

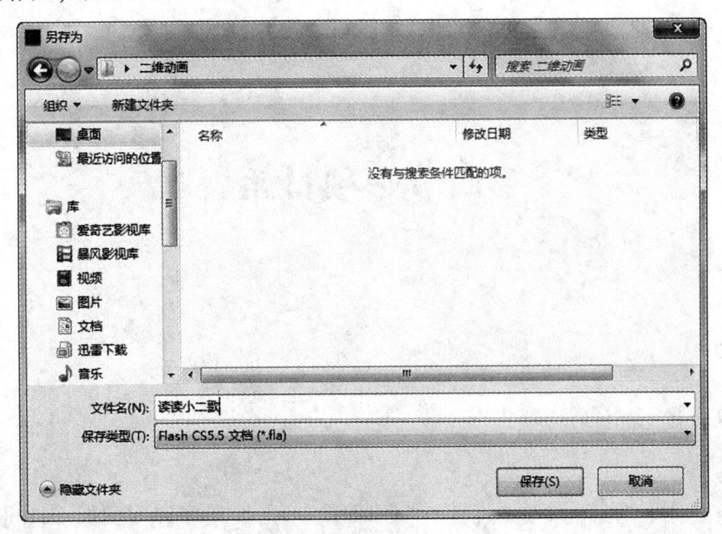

图 4-38

8. 选择［文件>导出］，选择［导出影片］，如图4–39所示。可在弹出的导出对话框中选择想要导出的影片格式，如图4–40所示。

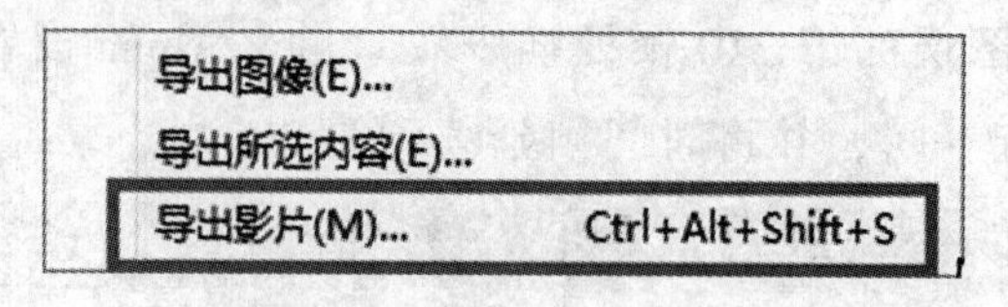

图 4–39

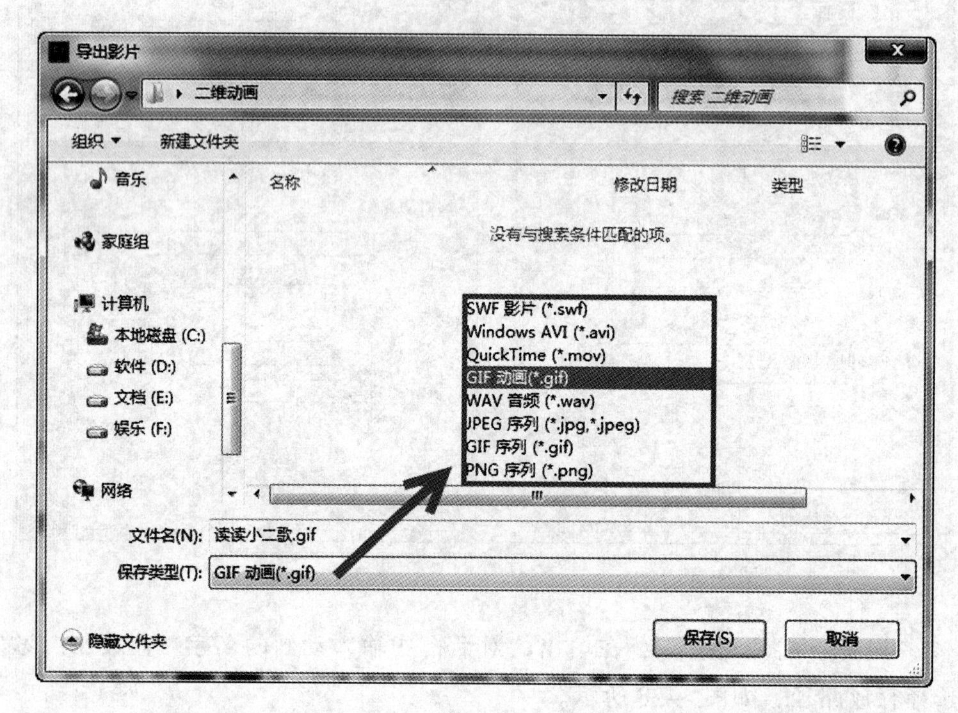

图 4–40

第四节　项目拓展

项目一：

“读读数字歌”电子儿歌制作

项目要求：

1. 能够使用传统补间动画制作“数字歌”三个文字落入舞台中间的动画，如

图 4–41。

2. 能够使用传统补间和形状补间制作彩色数字移动、变形动画。

3. 能够制作淡入、淡出效果。

4. 能够使用时间轴和关键帧控制动画的节奏。

图 4–41

第五章　遮罩动画——公益广告制作

随着网络广告的发展，Flash公益广告在生活中的应用也越来越广泛，日常生活中起到的作用也越来越突出。本章节通过制作一个“珍惜时间”公益短片，讲述公益广告的制作过程。

第一节　遮罩层基础与遮罩动画应用

遮罩层动画是由遮罩层和被遮罩层组成，遮罩层的下一层是被遮罩层。遮罩是一个画面放在另一个画面上时，在遮罩层画面的轮廓里显示出被遮罩层画面的内容，其余部分不显示。遮罩层中的内容可以是按钮、影片剪辑、图形、位图、文字等，但不能使用线条，如果一定要使用线条，可以将线条转化为填充。被遮罩层中的对象可以是按钮、影片剪辑、图形、位图、文字和线条。

一、遮罩层

“遮罩”就是遮挡住下面的对象。在Flash中，“遮罩动画”通过“遮罩层”来达到有选择地显示位于其下方的“被遮罩层”中内容的目的。在一个遮罩动画中，遮罩层只有一个，被遮罩层可以有任意多个。

二、单层遮罩

单层遮罩即遮罩层和被遮罩层只有一个。

三、多层遮罩

多层遮罩是被遮罩层可以有多个，但遮罩层只有一个，如图5-1所示。

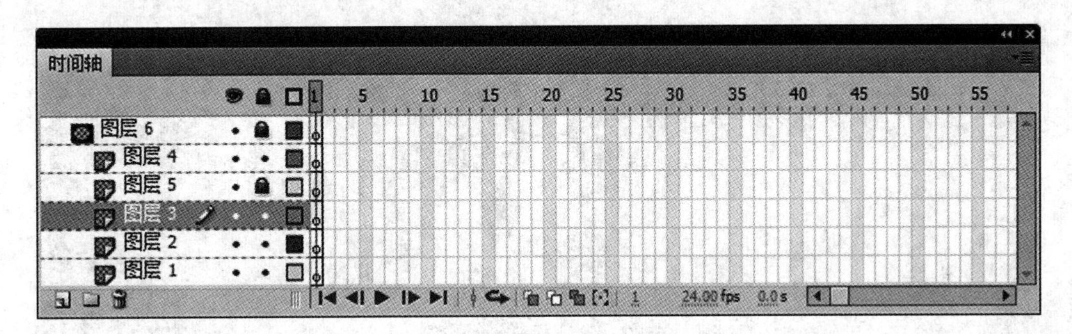

图 5–1

四、创建遮罩动画的要素

1. 遮罩层

遮罩层上可以放置任意类型的元件、图形和文字。

2. 被遮罩层

被遮罩层可以放置任意类型的元件、图形、文字和线条。

五、遮罩动画制作注意事项

1. 遮罩层在上，被遮罩层在下。

2. 不能用一个遮罩层试图遮蔽另一个遮罩层，只能是遮罩层遮蔽被遮罩层。

3. 遮罩层和被遮罩层都可以使用形状补间动画、动作补间动画、引导线补间动画等动画技术，从而使遮罩动画变成一个可以施展无限想象力的创作空间。

第二节　“珍惜时间”公益广告——遮罩动画制作

项目名称：

“珍惜时间”公益广告效果如图 5–2、图 5–3 所示。

项目背景：

为培养学生对时间观念的认识，采用青岛漫视传媒有限公司为高校制作的“珍惜时间”主题公益广告。

项目规划：

在这个项目中，为了体现时间流逝的效果，直接采用钟表来表达时间的流逝，红色闪烁的表针意味着时间一去不返，倡导对时间的珍惜。

图 5-2

图 5-3

知识目标：

1. 理解和掌握遮罩层动画原理。
2. 能够区分遮罩层和被遮罩层。
3. 掌握建立遮罩层的方法。
4. 掌握遮罩层动画制作的步骤。
5. 掌握元件属性面板的使用方法。

技能目标：

1. 掌握遮罩动画制作方法。
2. 使用元件的属性面板制作一些特殊的效果。

关键技术：

1. 遮罩层的使用。
2. 元件属性的设置。

子项目一：动画背景制作

项目目标：

能够掌握矩形工具和颜色填充来制作动画背景。

项目要求：

背景图要和舞台大小一致，并转化为元件。

项目实训步骤：

1. 启动 Flash 软件，执行［文件>新建］命令，新建一个 Flash 文档。

2. 执行［修改>文档］命令，打开［文档属性］对话框，参照如图 5-4 所示的参数进行设置，单击［确定］按钮即可。

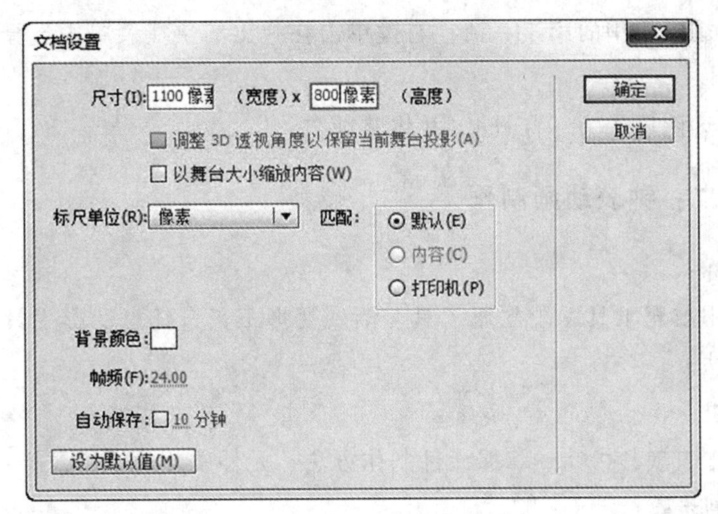

图 5-4

3. 选择矩形工具绘制矩形，选择矩形，执行［窗口>属性］命令，打开［属性］面板，参照如图 5-5 所示的参数进行设置。

4. 选中步骤 3 中的矩形，执行［窗口>颜色］命令，打开［颜色］面板，颜色参照如图 5-6 所示进行设置，将其填充方式设置为径向渐变，颜色从左到右分别是［#AAE2F3］、［#5A8999］。

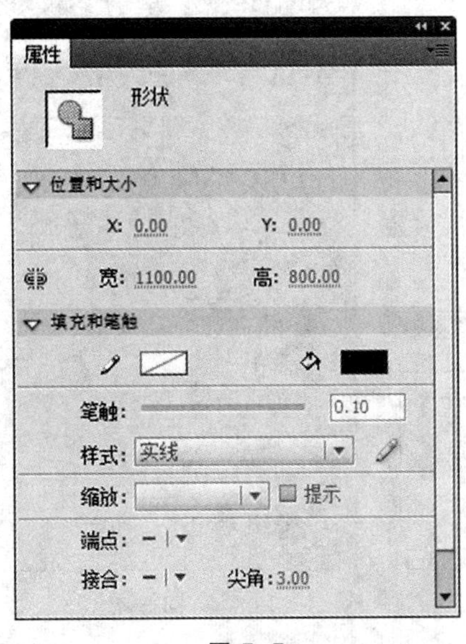

图 5-5

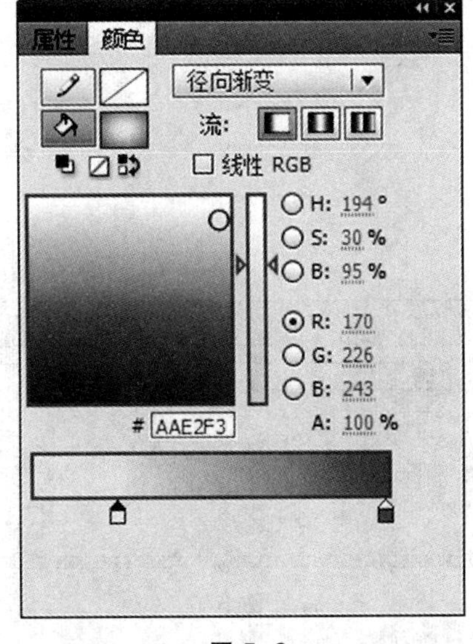

图 5-6

5. 选择舞台上的背景图，按 F8 键打开［转换为元件］对话框，在［转换为元件］框中输入［背景］，选择类型下拉列表中的［图形］选项，单击［确定］按钮，将其转换为元件。

6. 选择图层 1 中的第 110 帧，右键单击在弹出的快捷菜单中选择［插入关键帧］。

7. 重命名图层 1 为［背景］，并将其锁定。

子项目二：钟表动画制作

项目目标：

熟练应用填充工具、墨水瓶工具、渐变变形工具、任意变形工具和传统补间动画制作方法。

项目要求：

学会制作表盘、指针。掌握元件制作方法、元件属性的设置及指针动画制作。

项目实训步骤：

1. 新建元件，元件名称为［钟表］，选择类型下拉列表中的［影片剪辑］选项，如图 5-7 所示。

2. 新建图层 1 并重命名为［表盘外］，选择椭圆工具，按 Shift 键的同时按住鼠标左键，拖动鼠标绘制一个正圆形，选择正圆形，执行［窗口>属性］命令，打开［属性］面板，参数参照如图 5-8 所示进行设置。

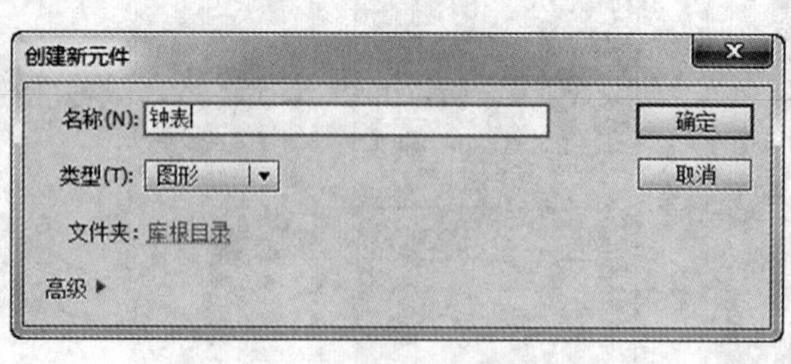

图 5-7

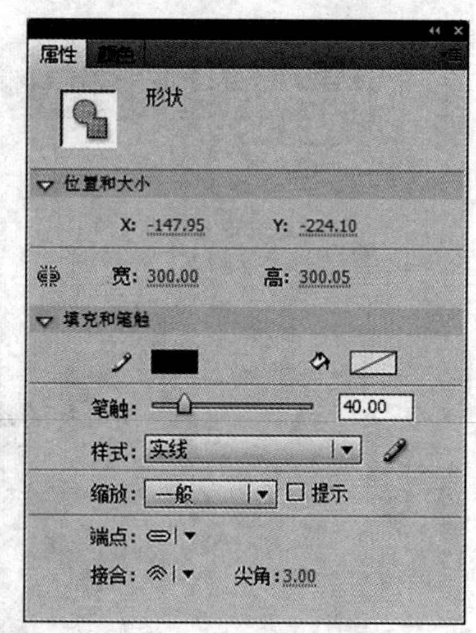

图 5-8

3. 执行［修改>形状>将线条转换为填充］命令，将该正圆形转换为填充。

4. 选中步骤 3 中的正圆形，执行［窗口>颜色］命令，打开［颜色］面板，颜色参照如图 5-9 所示进行设置，将其填充为线性渐变，颜色从左到右分别是［# FFFFFF］、［#5592AC］。

5. 选择墨水瓶工具，在正圆形上单击，为内圆添加边线，参数设置如图 5-10 所示。

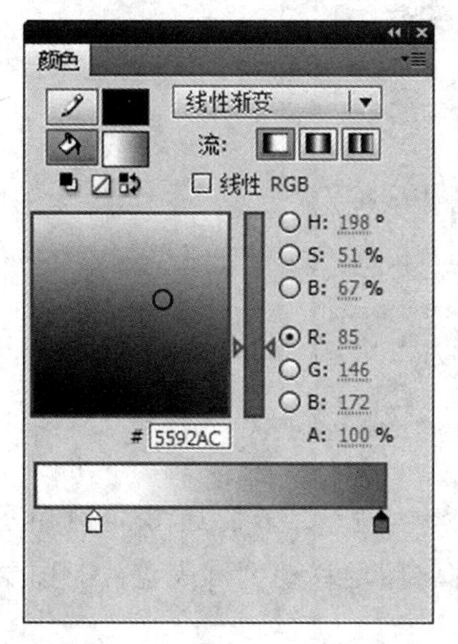

图 5-9

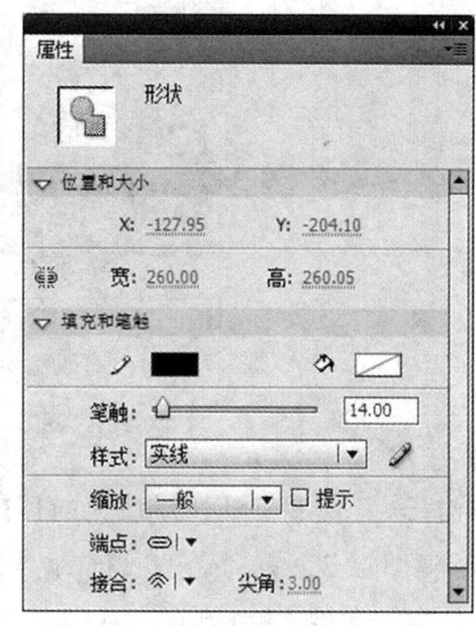

图 5-10

6. 选择刚绘制的小圆，执行［修改>形状>将线条转换为填充］命令，单击滴管工具，在大圆上单击，将大圆的线性渐变颜色应用到小圆上，如图 5-11 所示。

7. 选择渐变变形工具，对填充的线性渐变进行旋转，使其具有立体效果，如图 5-12 所示。

图 5-11

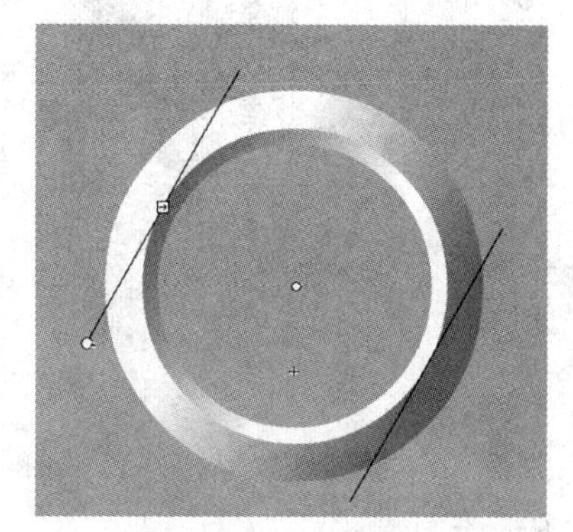

图 5-12

8. 新建图层 2 并重命名为［表盘内］，并将其移动到［表盘外］下面，选择椭圆工具，按住 Shift 键绘制一个正圆。

9. 选中步骤 8 中的正圆形，执行［窗口>颜色］命令，打开［颜色］面板，颜色参照如图 5-13 所示进行设置，将其填充方式设置为径向渐变，颜色从左到右分别是[#FFFFFF]、［#7DACC0］。

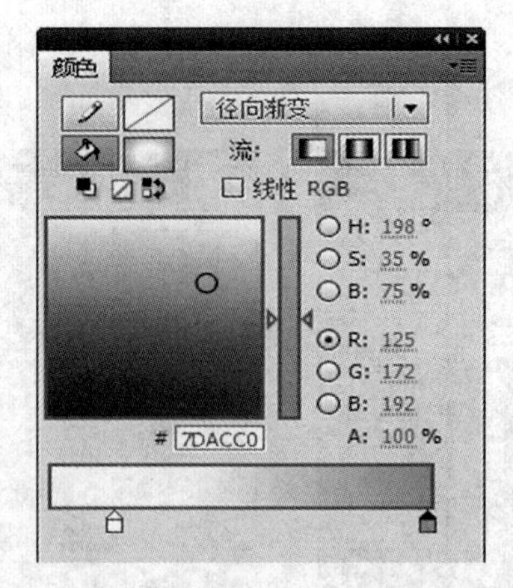

图 5-13

10. 选择渐变变形工具，对填充的径向渐变进行旋转，如图 5-14 所示。

11. 新建图层 3，重命名为［时针］并将图层移动到［表盘外］图层上面，选择矩形工具，绘制黑色矩形。

12. 选择任意变形工具，在工具选项区域中设置为扭曲模式，将步骤 11 的矩形进行扭曲操作，如图 5-15 所示。

图 5-14

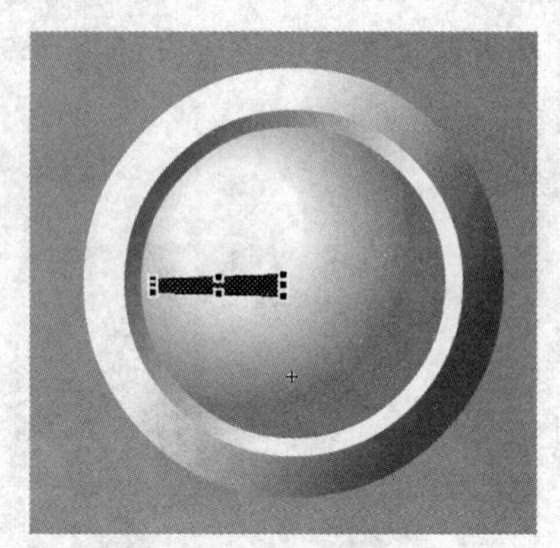

图 5-15

13. 按 F8 将时针转换为元件，选择类型下拉列表中的［影片剪辑］选项，如图 5-16 所示。

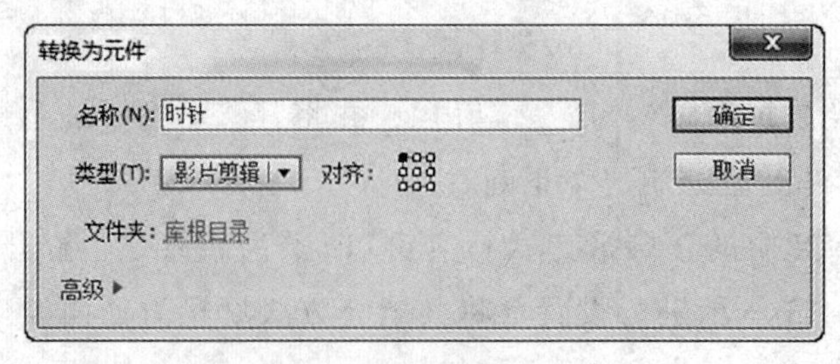

图 5-16

14. 选择任意变形工具，对矩形进行旋转，如图 5–17 所示。

15. 打开［属性］面板，对［时针］元件添加阴影滤镜，参数设置如图 5–18 所示。

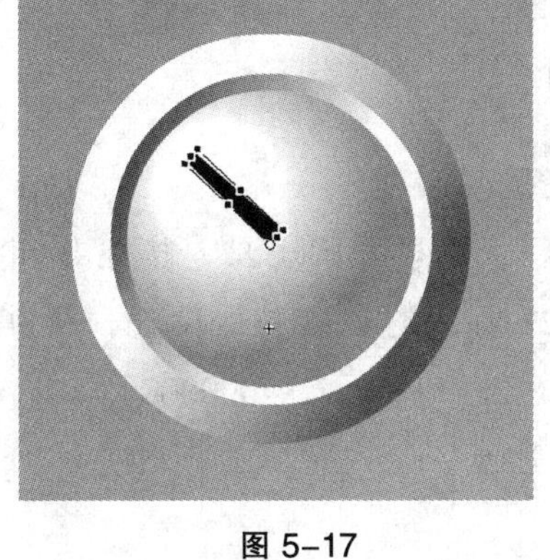

图 5–17

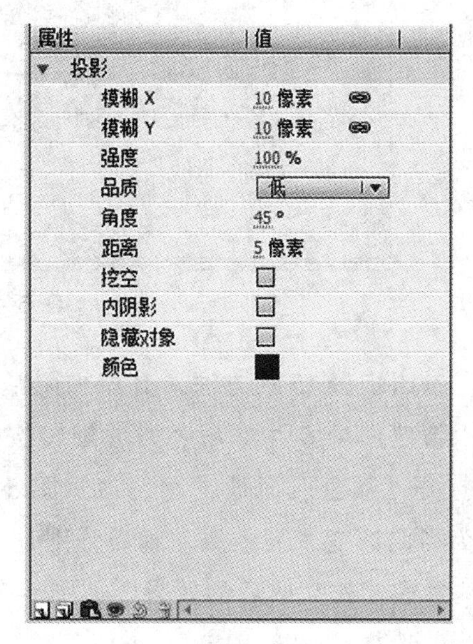

图 5–18

16. 新建图层 4 并重命名为［分针］，利用与制作时针相同的办法制作［分针］元件，如图 5–19 所示。

17. 新建图层 5 并重命名为［秒针］，选择矩形工具，按住 Shfit 键绘制一个垂直红色线条，参数设置如图 5–20 所示。

图 5–19

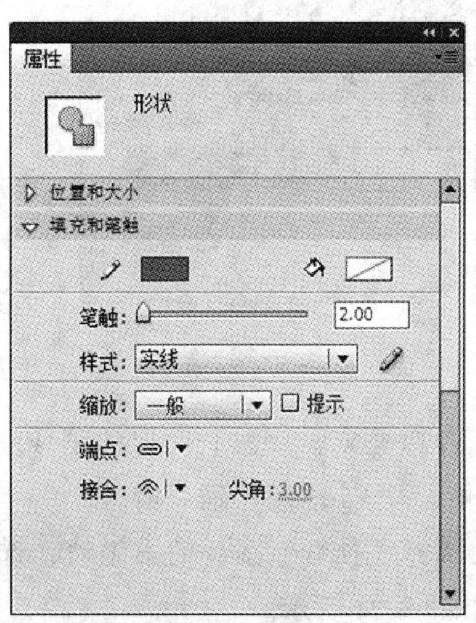

图 5–20

18. 按 F8 将秒针转换为元件，选择类型下拉列表中的［影片剪辑］选项。如图 5-21 所示。

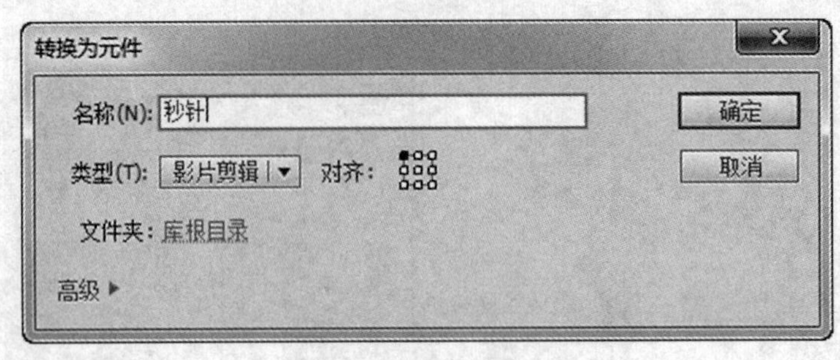

图 5-21

19. 参照步骤 15 的方法对其添加阴影滤镜。

20. 新建图层 6 并重命名为［旋转按钮］，选择椭圆工具，按住 Shfit 键绘制正圆，打开［颜色］面板，颜色参照图 5-22 所示的参数进行设置，将其填充方式设置为径向渐变，颜色从左到右分别是［# FFFFFF］、［#000000］。

21. 钟表制作完成后的效果图如图5-23 所示。

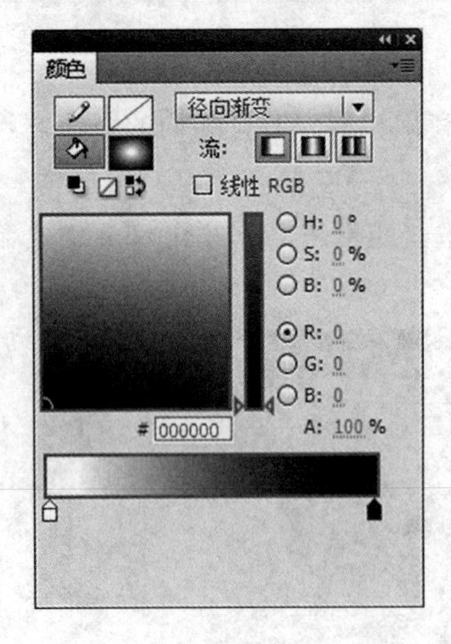

图 5-22

图 5-23

22. 选择［旋转按钮］图层的第 40 帧，按住 Shift 键，选择［表盘内］图层的第 40 帧，按 F5 键插入延长帧。

23. 选择［秒针］图层的第 1 帧，选择任意变形工具将旋转点移到旋转按钮中心，如图 5-24 所示。

24. 选择［秒针］图层的第 40 帧，按 F6 键插入关键帧。

25. 选择［秒针］图层的第 1 帧，右键单击在弹出的快捷菜单中选择［创建传统补间］。

26. 选择［秒针］图层的任一帧，打开［属性］面板，参数设置如图 5-25 所示，旋转设置为顺时针。

图 5-24

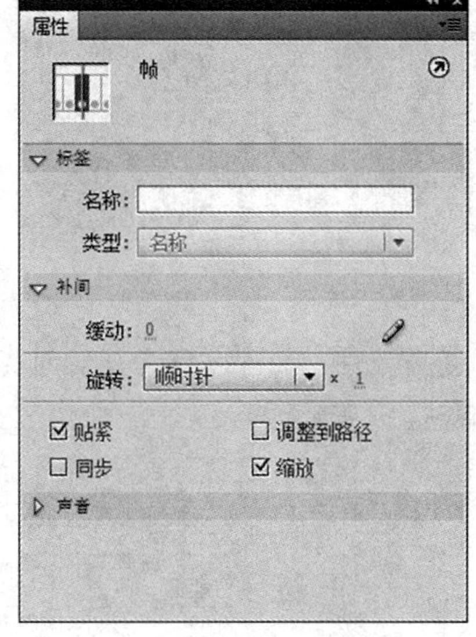

图 5-25

子项目三：制作有立体效果的文字

项目目标：

熟练应用文本工具和排列命令。

项目要求：

学会制作有立体效果的文字。

项目实训步骤：

1. 新建元件，元件名称为［TIME］，选择类型下拉列表中的［图形］选项，如图 5-26 所示。

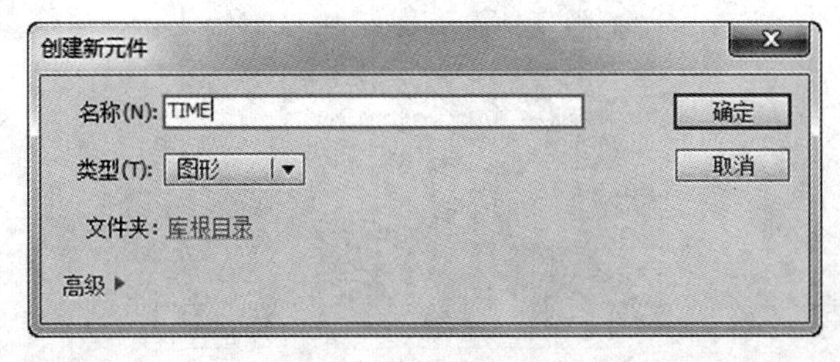

图 5-26

2. 使用文字工具输入［TIME］，大小为 200 点，字体为［华文琥珀］，颜色为［#5E91A2］，如图 5–27 所示。

3. 按住 Alt 键复制 TIME，颜色为［#385761］。选择复制的文字 TIME，单击鼠标右键，执行［排列>下移一层］命令，并调整位置如图 5–28 所示。

图 5–27

图 5–28

4. 新建元件，元件名称为［时间赛跑］，选择类型下拉列表中的［图形］选项，如图 5–29 所示。

创建新元件
名称(N): 时间赛跑
确定
类型(T): 图形
取消
文件夹: 库根目录
高级 ▸

图 5–29

5. 使用文字工具输入［与时间赛跑］字，大小为 50 点，字体为［方正毡笔黑简体］，颜色为［#FFFFCC］，如图 5–30 所示。

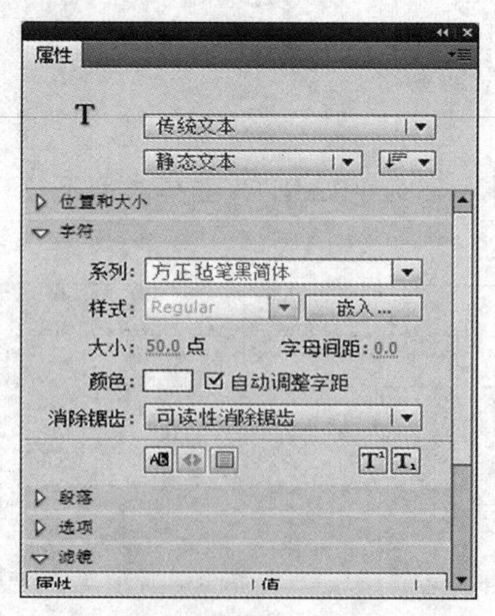

图 5–30

6. 按住 Alt 键复制［与时间赛跑］，颜色为［#446873］。选择复制的文字，单击鼠标右键，执行［排列>下移一层］命令，并调整位置如图 5-31 所示。

图 5-31

7. 同上述步骤一样，制作［你赢了吗］、［时光流逝］和［一去不返］的图形元件。其中［你赢了吗］字颜色为［#3C5A64］，其它参数如图 5-32 所示。

其中［时光流逝］、［一去不返］字颜色为［#FFFFFF］，其他参数如图 5-33 所示。

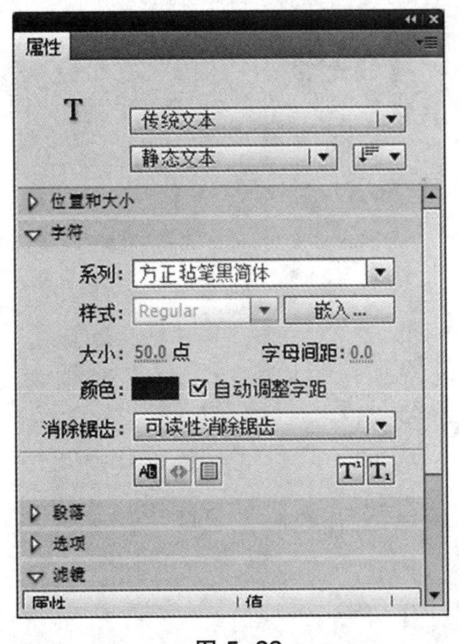

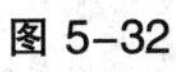
图 5-32

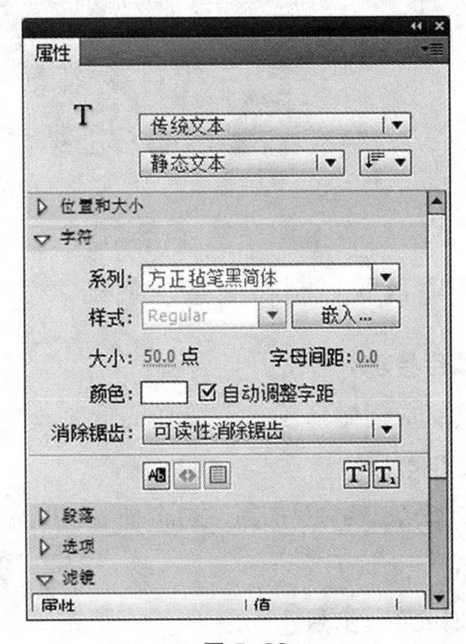

图 5-33

8. 按照步骤 6 的方法分别制作［你赢了吗］、［时光流逝］、［一去不返］和［珍惜时间］的图形元件的立体效果，如图 5-34、5-35、5-36、5-37 所示。

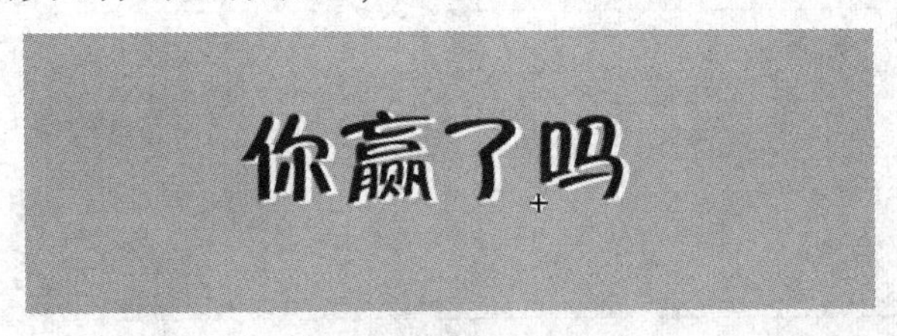

图 5-34

图 5-35

图 5-36

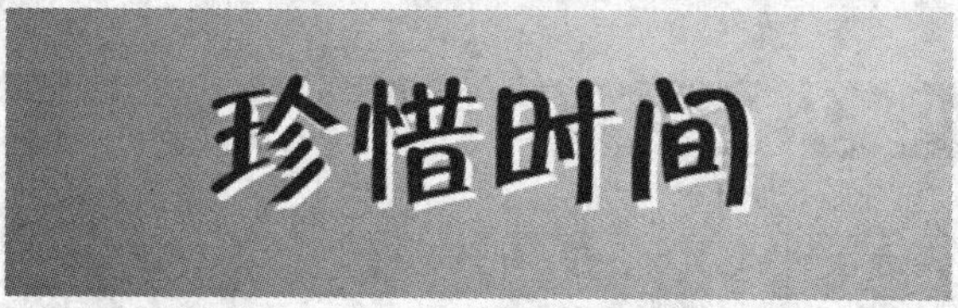

图 5-37

子项目四：制作光条、线条

项目目标：

熟练应用矩形工具、渐变变形工具和颜色面板。

项目要求：

学会应用矩形工具、颜色面板制作立体效果线条，学会使用渐变变形工具制作光条。

项目实训步骤：

1. 新建元件，元件名称为［线条］，选择类型下拉列表中的［图形］选项，如图 5-38 所示。

图 5-38

2. 新建图层 1，选择线条工具，按住 Shift 键绘制一条直线，颜色为[#579FB7]，其他参数设置如图 5-39 所示。

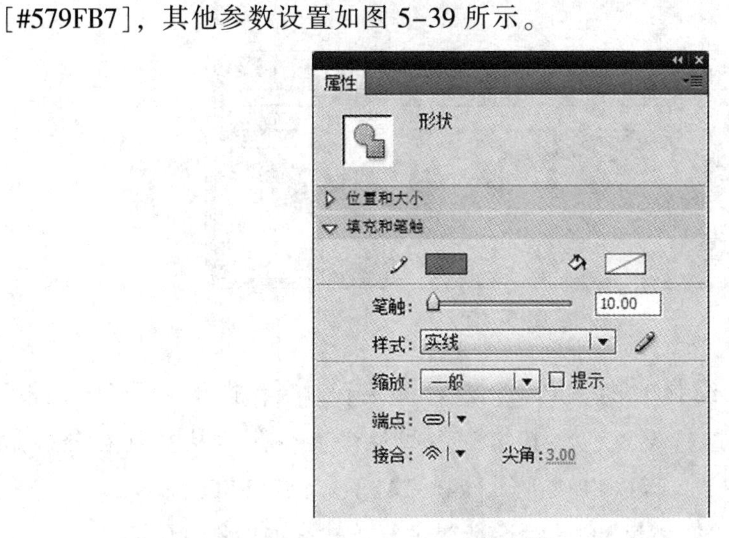

图 5-39

3. 选择图层 1 中的第 1 帧，单击右键，在弹出的快捷菜单中选择［复制帧］。

4. 新建图层 2，选择图层 2 中的第 1 帧，单击右键，在弹出的快捷菜单中选择[粘贴帧]。

5. 选择图层 1 的第 1 帧，使用键盘向下键移动几下，参数设置如图 5-40 所示。

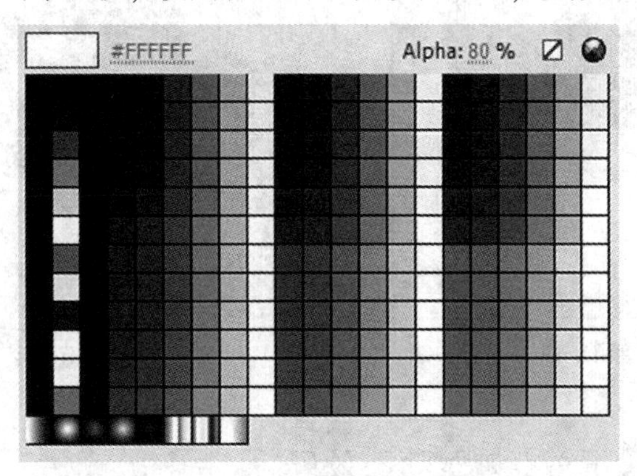

图 5-40

6. 线条制作完成后的效果图如图 5-41 所示。

图 5-41

7. 新建元件，元件名称为［光条］，选择类型下拉列表中的［图形］选项，如图 5-42 所示。

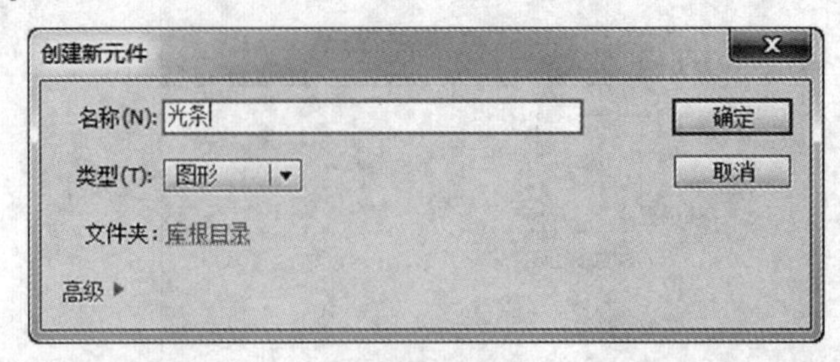

图 5-42

8. 选择矩形工具，绘制矩形，执行［窗口>颜色］命令，打开［颜色］面板，颜色参照图 5-43 所示进行设置，将其填充为线性渐变，颜色从左到右分别是［#FFFFFF］、［#4F91A8］、［#FFFFFF］、［#4F91A8］、［#FFFFFF］。

9. 选择渐变变形工具，对填充的线性渐变进行旋转，如图 5-44 所示。

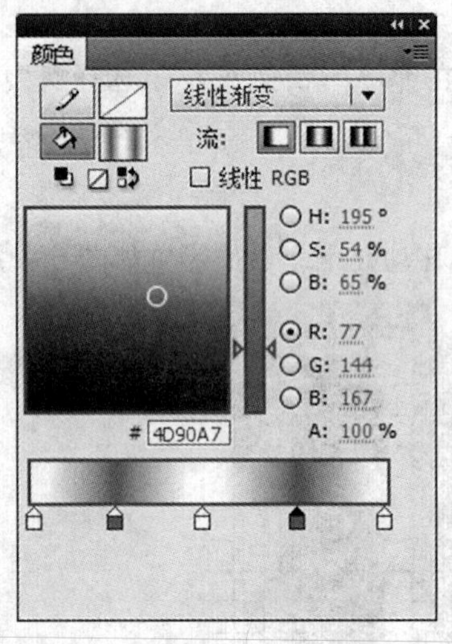

图 5-43

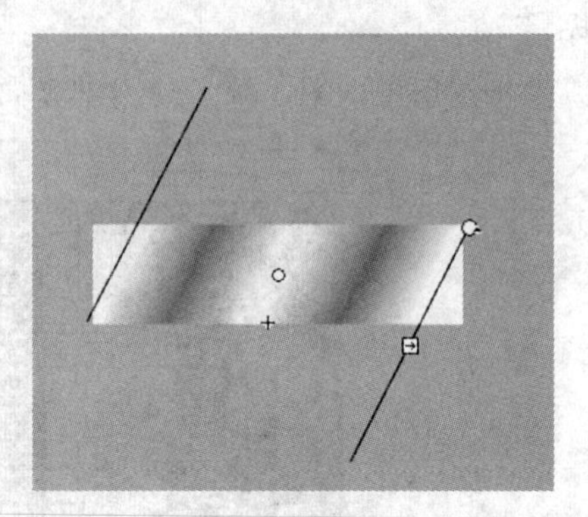

图 5-44

子项目五：制作文字遮罩动画效果

项目目标：

掌握设置遮罩层及被遮罩层，掌握遮罩动画的制作。

项目要求：

熟练掌握制作遮罩动画的技巧。

项目实训步骤：

1. 返回到场景，新建图层 2，重命名为［time］。

2. 选择图层［time］，在时间轴面板上选择第 1 帧，将元件［TIME］拖到舞台如图 5-45 所示的位置。

3. 选择图层［time］的第 15 帧，右键单击在弹出的快捷菜单中选择［插入关键帧］。将元件［TIME］拖到舞台如图 5-46 所示的位置。

图 5-45

图 5-46

4. 在第 1 帧和第 15 帧之间，选择任意一帧，单击右键，在弹出的快捷菜单中选择［创建传统补间］。

5. 新建图层 3，重命名为［钟表］，选择第 15 帧，单击右键，在弹出的快捷菜单中选择［插入关键帧］。

6. 选择图层［钟表］，在时间轴面板上选择第 15 帧，将元件［钟表］拖到舞台如图 5-47 所示的位置。

图 5-47

7. 新建图层 4，重命名为［遮罩层］，选择第 15 帧，单击右键，在弹出的快捷菜单中选择［插入关键帧］。

8. 选择椭圆工具，按住 Shift+Alt 键从钟表的中心位置绘制正圆，大小完全覆盖住钟表。

9. 选择步骤 8 的正圆，按 F8 将其转换为元件，名称为［遮罩圆］，选择类型下拉列表中的［图形］选项，如图 5-48 所示。

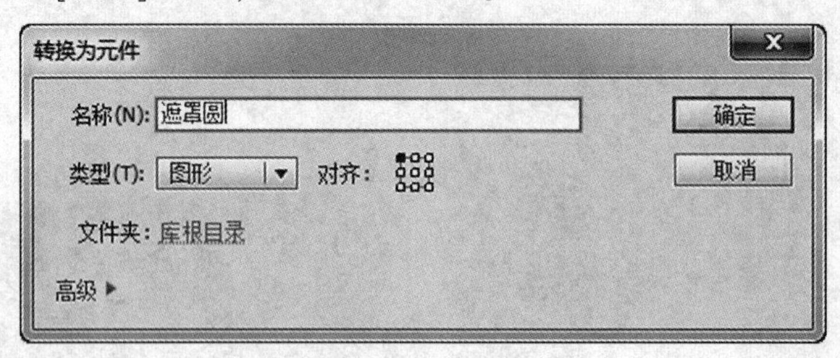

图 5-48

10. 选择图层［遮罩层］的第 30 帧，单击右键，在弹出的快捷菜单中选择［插入关键帧］。

11. 选择图层［遮罩层］的第 15 帧，选择任意变形工具，按 Shift 键将元件［遮罩圆］缩小至消失，参数参照图 5-49 所示进行设置。

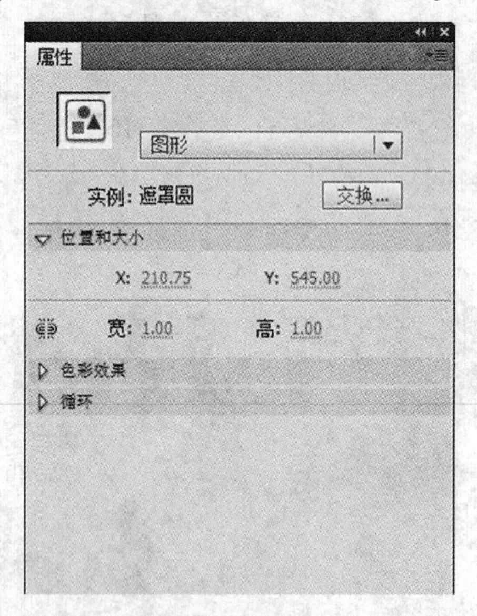

图 5-49

12. 在第 15 帧和第 30 帧之间，选择任意一帧，单击右键，在弹出的快捷菜单中选择［创建传统补间］。

13. 选择［遮罩层］，单击右键，在弹出的快捷菜单中选择［遮罩层］，如图 5-50 所示。

图 5-50

14. 新建图层 5，重命名为［从左向右线条］，选择第 15 帧，单击右键，在弹出的快捷菜单中选择［插入关键帧］。

15. 选择图层［从左向右线条］的第 15 帧，将元件［线条］拖到舞台合适的位置，如图 5-51 所示。

图 5-51

16. 选择图层［从左向右线条］的第 40 帧，单击右键，在弹出的快捷菜单中选择［插入关键帧］。将元件［线条］拖到舞台合适的位置，如图 5-52 所示。

图 5-52

17. 在第 15 帧和第 40 帧之间，选择任意一帧，单击右键，在弹出的快捷菜单中选择［创建传统补间］。

18. 新建图层 6，重命名为［与时间赛跑］，选择第 40 帧，单击右键，在弹出的快捷菜单中选择［插入关键帧］。

19. 选择图层［与时间赛跑］的第 40 帧，将元件［时间赛跑］拖到舞台合适的位置，如图 5-53 所示。

图 5-53

20. 新建图层 7，重命名为［光条］，选择第 40 帧，单击右键，在弹出的快捷菜单中选择［插入关键帧］。

21. 选择图层［光条］的第 40 帧，将元件［光条］拖到舞台合适的位置，如图 5-54 所示。

图 5-54

22. 选择图层［光条］的第 60 帧，单击右键，在弹出的快捷菜单中选择［插入关键帧］，将元件［光条］拖到舞台合适的位置，如图 5-55 所示。

图 5-55

23. 在第 40 帧和第 60 帧之间，选择任意一帧，单击右键，在弹出的快捷菜单中选择［创建传统补间］。

24. 选择图层［与时间赛跑］的第 40 帧，单击右键，在弹出的快捷菜单中选择［复制帧］。

25. 新建图层 8，重命名为［复制时间赛跑］，选择第 40 帧，单击右键，在弹出的快捷菜单中选择［粘贴帧］。

26. 选择［复制时间赛跑］，单击右键，在弹出的快捷菜单中选择［遮罩层］，如图 5–56 所示。

图 5–56

27. 新建图层 8，重命名为［从右向左线条］，选择第 60 帧，单击右键，在弹出的快捷菜单中选择［插入关键帧］，将元件［线条］拖到舞台合适的位置，如图5–57 所示。

图 5–57

28. 选择图层［从右向左线条］的第 75 帧，单击右键，在弹出的快捷菜单中选择［插入关键帧］。将元件［线条］拖到舞台合适的位置，如图 5–58 所示。

图 5–58

29. 在第 60 帧和第 75 帧之间，选择任意一帧，单击右键，在弹出的快捷菜单中选择［创建传统补间］。

30. 参照步骤 20–26 制作遮罩文字［你赢了吗］，其中图层［你赢了吗］如图 5–59 所示。

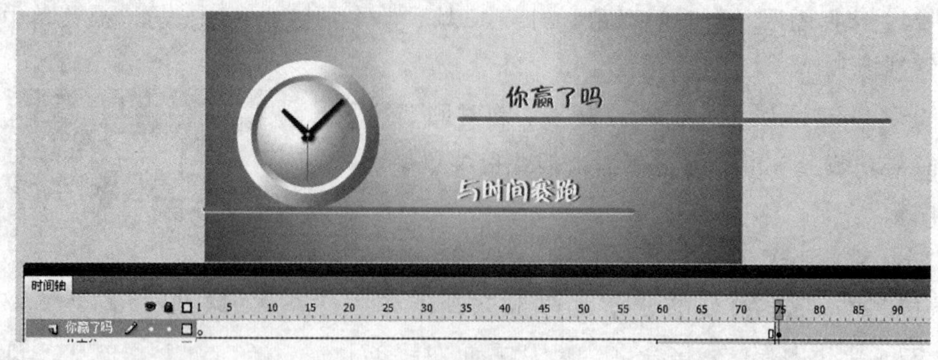

图 5–59

图层［光条］如图5–60 所示。

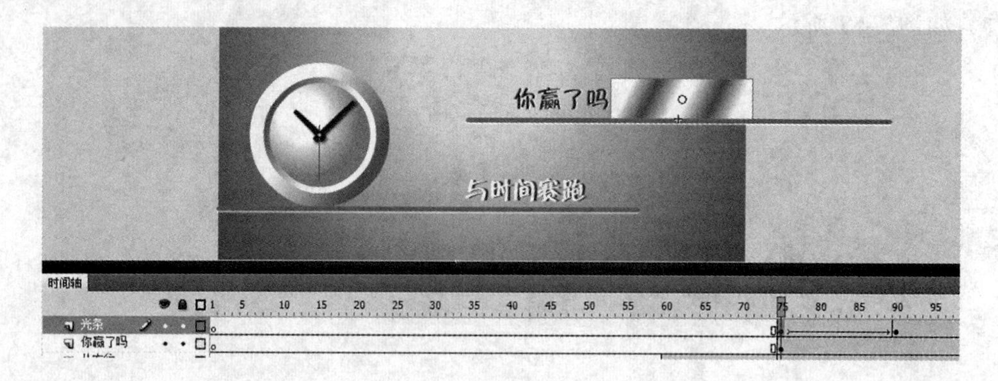

图 5–60

图层复制［你赢了吗］如图5–61 所示。

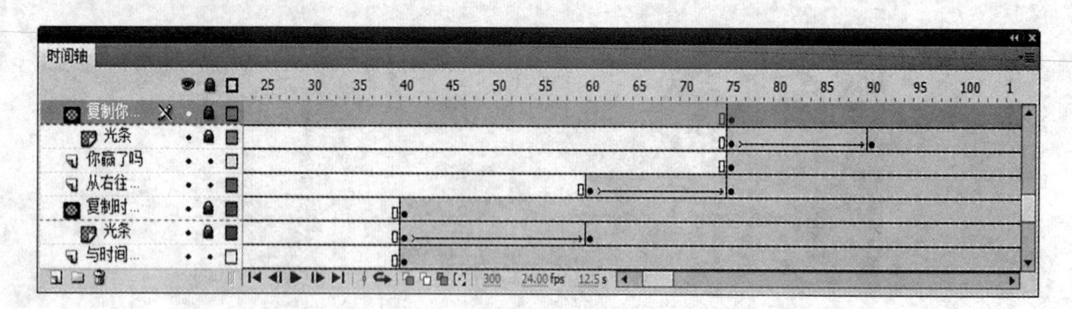

图 5–61

子项目六：制作场景切换动画

项目目标：

学会使用位图填充、渐变变形工具和任意变形工具的使用方法。

项目要求：

掌握制作场景切换的效果。

项目实训步骤：

1. 选择复制［你赢了吗］图层，单击［新建图层］按钮，并重命名为［幕布］。选择第 110 帧，单击右键，在弹出的快捷菜单中选择［插入关键帧］。

2. 选择矩形工具，绘制矩形，填充颜色选择位图填充，导入图片［位图］。参数如图 5-62 所示进行设置。

3. 选择渐变变形工具，对填充的位图进行调整，如图 5-63 所示。

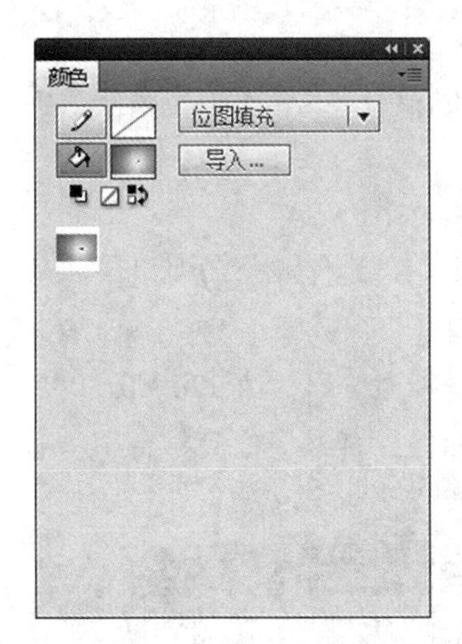

图 5-62

图 5-63

4. 按 F8 键将其转换成元件［幕布］，如图 5-64 所示。

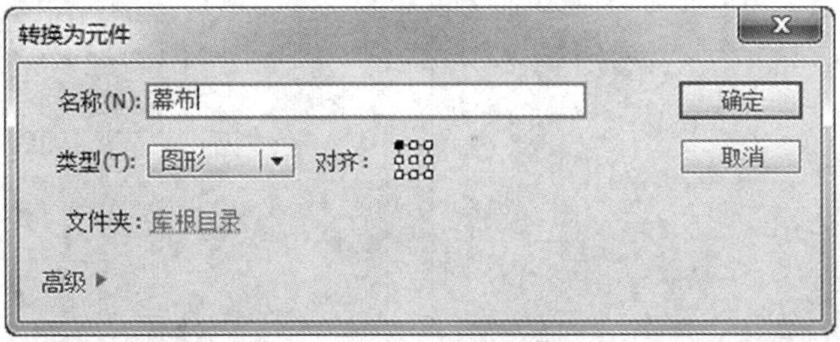

图 5-64

5. 选择图层［幕布］的第 130 帧，单击右键，在弹出的快捷菜单中选择［插入关键帧］。

6. 选择图层［幕布］的第 110 帧，选择任意变形工具，将控制中心点移动到上方，并将其幕布缩小，如图 5-65 所示。

图 5-65

7. 在第 110 帧和第 130 帧之间，选择任意一帧，单击右键，在弹出的快捷菜单中选择［创建传统补间］。

8. 选择图层［幕布］的第 140 帧，单击右键，在弹出的快捷菜单中选择［插入关键帧］。

9. 打开［属性］面板，参数设置如图 5-66 所示。

10. 在第 130 帧和第 140 帧之间，选择任意一帧，单击右键，在弹出的快捷菜单中选择［创建传统补间］。

11. 新建图层并重命名为［背景 1］，选择图层［背景 1］的第 120 帧，单击右键，在弹出的快捷菜单中选择［插入关键帧］。将元件［背景］拖到舞台中，参数设置如图 5-67 所示。

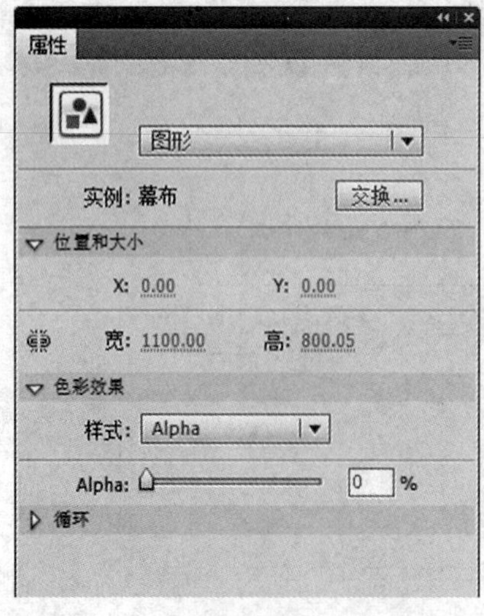

图 5-66

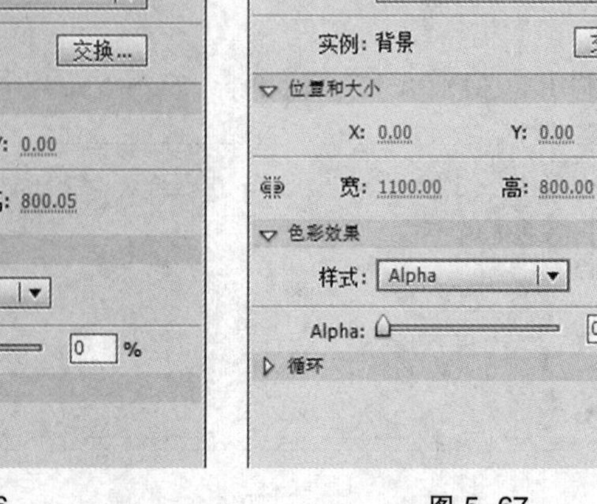

图 5-67

12. 选择图层［背景 1］的第 140 帧，单击右键，在弹出的快捷菜单中选择［插入关键帧］，参数设置如图 5–68 所示。

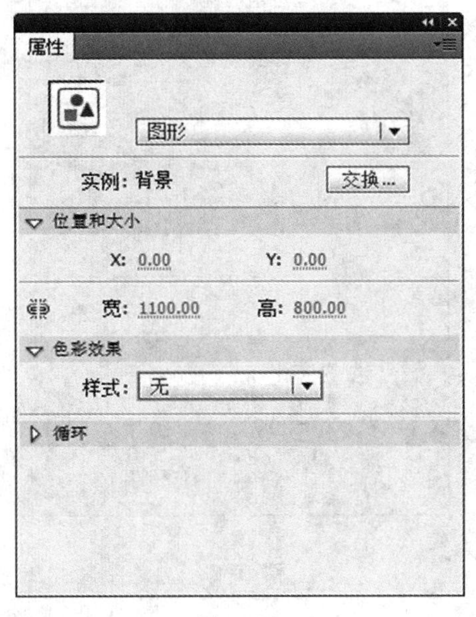

图 5–68

13. 在第 120 帧和第 140 帧之间，选择任意一帧，单击右键，在弹出的快捷菜单中选择［创建传统补间］。

子项目七：Time文字动画制作

项目目标：

学会文字分散到图层的制作方法。

项目要求：

学会制作文字动画。

项目实训步骤：

1. 选择［背景 1］图层，单击［新建图层］按钮，并重命名为［time］。选择 140 帧，单击右键，在弹出的快捷菜单中选择［插入关键帧］。

2. 使用文字工具输入［TIME］字，大小为 200 点，字体为［Algerian］，颜色为［#386472］，如图 6–69 所示。

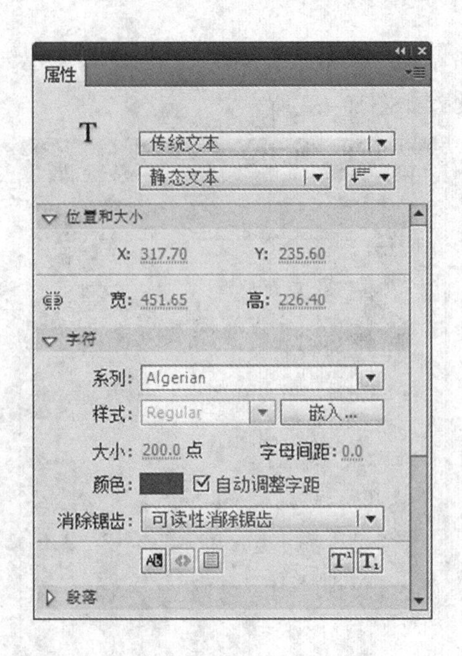

图 5-69

3. 选择图层［time］的 140 帧，执行［修改>分离］命令，把［TIME］打散，如图 5-70 所示。

图 5-70

4. 继续执行［修改>时间轴>分散到图层］命令，如图 5-71 所示。

图 5-71

5. 选择图层［time］，单击右键，在弹出的快捷菜单中选择［删除图层］。

6. 选中图层［T］的第 1 帧，按住鼠标左键移动到第 140 帧。

7. 按照步骤 6 的方法，将图层［I］的第 1 帧移动到第 160 帧，将图层［M］的第 1 帧移动到第 180 帧，将图层［E］的第 1 帧移动到第 200 帧，如图如图 5-72 所示。

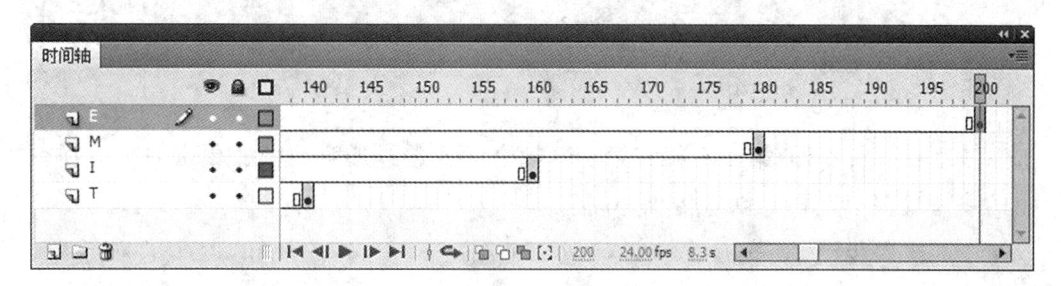

图 5-72

8. 分别选择图层［T］、［I］、［M］和［E］的第 140 帧、160 帧、180 帧和 200 帧，按 F8 键分别转换成图形元件［T］、［I］、［M］和［E］。

9. 分别选择图层［T］、［I］、［M］和［E］的第 160 帧、180 帧、200 帧和 220 帧，单击右键，在弹出的快捷菜单中选择［插入关键帧］，如图 5-73 所示。

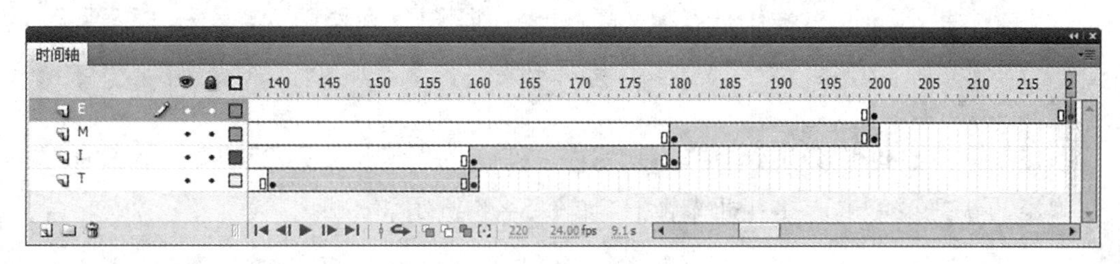

图 5-73

10. 选择图层［T］、［I］、［M］和［E］的第 140 帧、160 帧、180 帧和 200 帧，按键盘的向上键分别移到如图 5-74、5-75、5-76、5-77 所示的位置。

图 5-74

图 5-75

图 5-76　　　　图 5-77

11. 在图层［T］第 140 帧和第 160 帧之间，选择任意一帧，单击右键，在弹出的快捷菜单中选择［创建传统补间］。

12. 按照步骤 10 的方法，对其他三个图层［I］、［M］和［E］进行设置，如图 5-78所示。

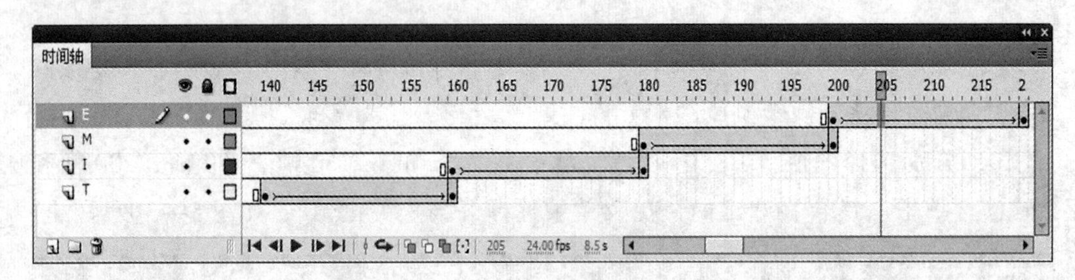

图 5-78

13. 按住 Shift 键分别选择图层［T］、［I］和［M］的第 220 帧，单击右键，在弹出的快捷菜单中选择［插入帧］，如图 5-79 所示。

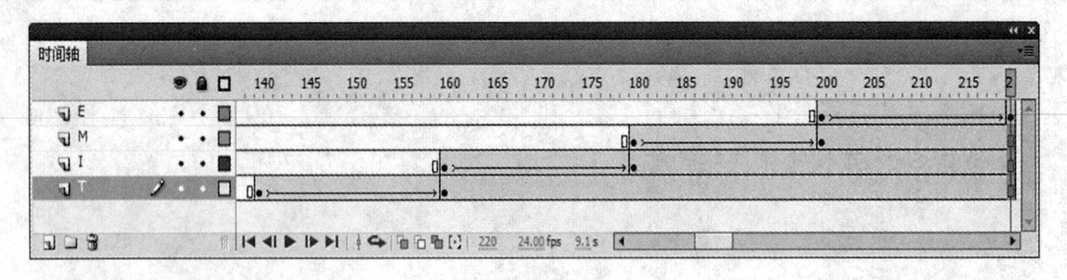

图 5-79

子项目八：制作表针动画

项目目标：

熟练应用部分选取工具、矩形工具，并掌握图形的旋转复制命令及元件的属性设置。

项目要求：

学会利用矩形工具绘制表针及制作表针的逐帧动画。

项目实训步骤：

1. 执行［插入>新建元件］命令，打开［新建元件］对话。新建元件，元件名称为［表针组］，选择类型下拉列表中的［图形］选项，如图 5-80 所示。

图 5-80

2. 选择矩形工具，绘制颜色为白色的矩形，并选择部分选取工具对其变形，如图 5-81 所示。

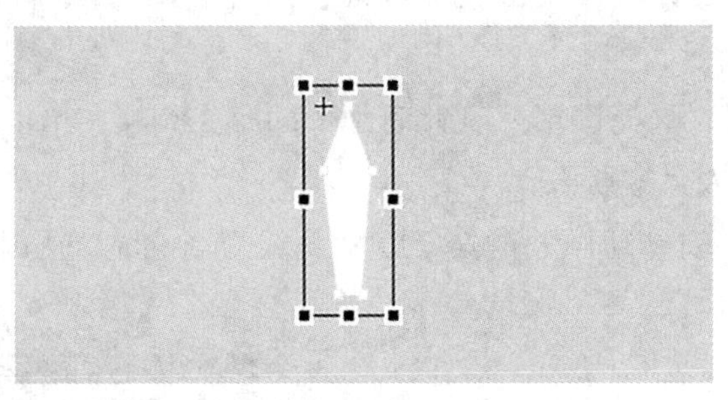

图 5-81

3. 返回到场景，新建图层，重命名为［表针动画］，选择第 220 帧，单击右键，在弹出的快捷菜单中选择［插入关键帧］，将元件［表针组］拖到舞台合适的位置。

4. 双击元件［表针组］进入该元件的编辑状态。

5. 执行［窗口>变形］命令，设置［旋转］选项参数为 30 度，如图 5-82 所示。并将表针的控制中心点移动到合适的位置，选择［重置选取和变形］，最终效果图如图 5-83 所示。

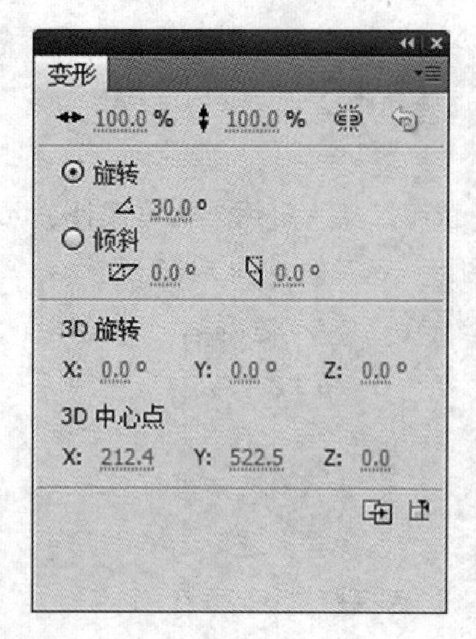

图 5-82

图 5-83

6. 按住 Alt 键复制［表针组］，颜色为［#333333］。按［Ctrl+G］组合键进行组合，选择复制的表针组，单击鼠标右键，执行［排列>下移一层］命令，并调整位置如图 5-84 所示。

7. 返回到场景，选择图层［表针动画］的第 235 帧，单击右键，在弹出的快捷菜单中选择［插入关键帧］。

8. 选择图层［表针动画］的第 220 帧，设置 Alpha 值为“0”%，如图 5-85 所示。

图 5-84

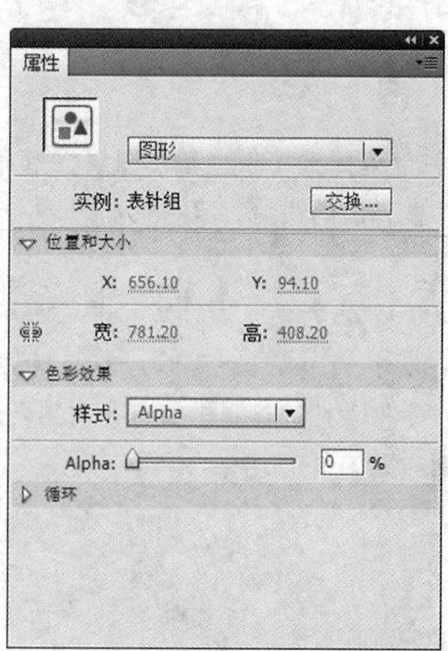

图 5-85

9. 在第 220 帧和第 235 帧之间，选择任意一帧，单击右键，在弹出的快捷菜单中选择［创建传统补间］。

10. 按照步骤 1–2 的方法绘制图形元件［指针］，如图 5–86 所示。

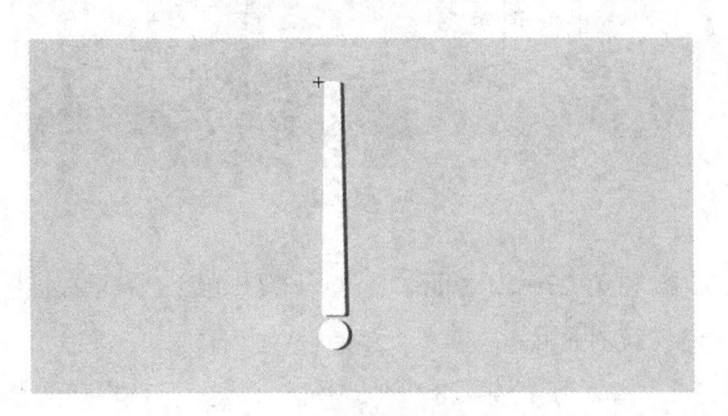

图 5–86

11. 选择图层［背景 1］，单击［新建图层］按钮，并重命名为［指针］。选择第220 帧，单击右键，在弹出的快捷菜单中选择［插入关键帧］。把元件［指针］拖到舞台合适的位置，并用任意变形工具进行调整，如图 5–87 所示。

图 5–87

12. 选择图层［指针］的第 235 帧，单击右键，在弹出的快捷菜单中选择［插入关键帧］。

13. 选择图层［指针］的第 220 帧的［指针］元件，将 Alpha 值设置为“0”%。

14. 在第 220 帧和第 235 帧之间，选择任意一帧，单击右键，在弹出的快捷菜单中选择［创建传统补间］。

15. 选择图层［指针］的第 270 帧，单击右键，在弹出的快捷菜单中选择［插入关键帧］。选择任意变形工具对其进行位置调整，如图 5–88 所示。

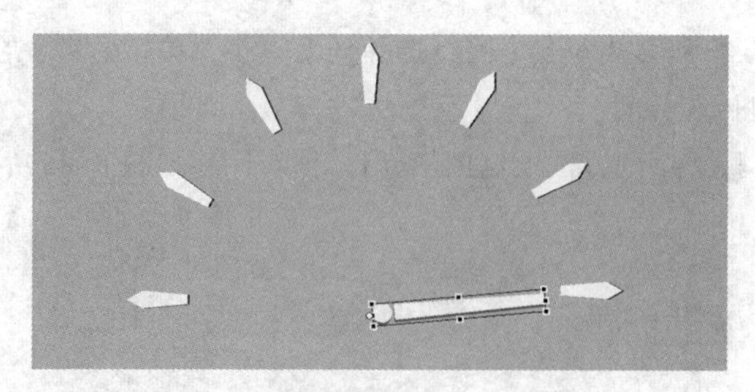

图 5–88

16. 在第 235 帧和第 270 帧之间，选择任意一帧，单击右键，在弹出的快捷菜单中选择［创建传统补间］。

17. 选择图层［指针］的第 280 帧，单击右键，在弹出的快捷菜单中选择［插入关键帧］，将 Alpha 值设置为“0”%。

18. 在第 270 帧和第 280 帧之间，选择任意一帧，单击右键，在弹出的快捷菜单中选择［创建传统补间］。

19. 选择图层［表针动画］的第 280 帧，单击右键，在弹出的快捷菜单中选择［插入关键帧］。按［Ctrl+B］组合键打散第 280 帧表针，如图 5–89 所示。

图 5–89

20. 选择颜料桶工具，颜色选择红色，填充第一个指针，如图 5–90 所示。

图 5–90

21. 选择图层［表针动画］的第 285 帧，单击右键，在弹出的快捷菜单中选择[插入关键帧]，参照上面步骤进行设置，如图 5-91 所示。

图 5-91

22. 选择图层［表针动画］的第 290 帧，单击右键，在弹出的快捷菜单中选择[插入关键帧]，如图 5-92 所示进行设置。

图 5-92

23. 参照步骤 18-20 制作其他表针效果，时间轴如图 5-93 示。

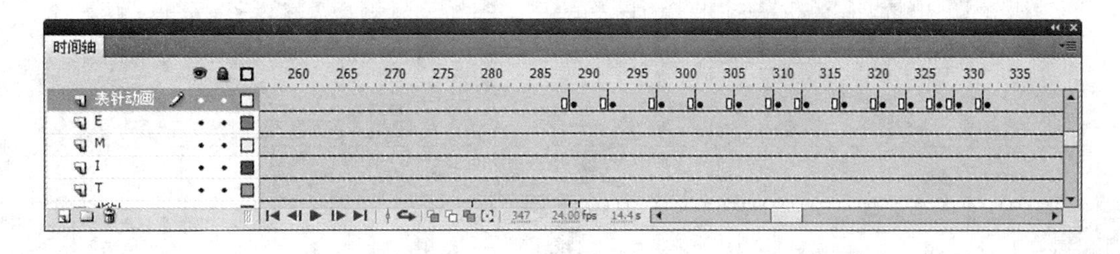

图 5-93

24. 选择图层［表针动画］的第 338 帧，单击右键，在弹出的快捷菜单中选择［插入关键帧]，如图 5-94 示。

图 5–94

25. 选择图层［表针动画］的第 340 帧，单击右键，在弹出的快捷菜单中选择［插入关键帧］，如图 5–95 所示。

图 5–95

26. 重复步骤 22–23，时间轴如图 5–96 所示。

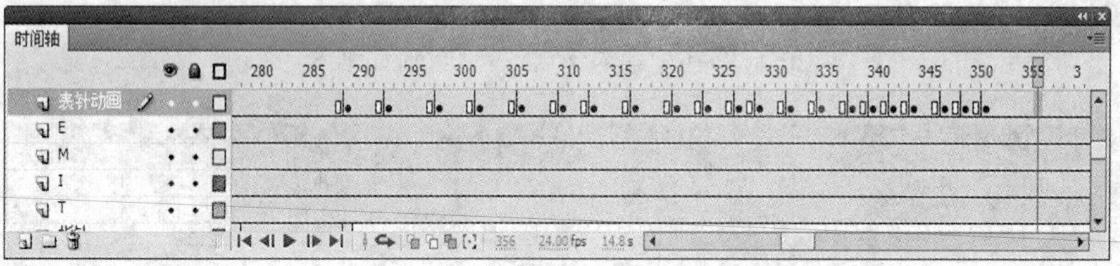

图 5–96

27. 分别选择图层［T］、［I］、［M］、［E］、［背景 1］和［表针动画］的第 380 帧，右键单击在弹出的快捷菜单中选择［插入帧］。

子项目九：为文字添加遮罩效果

项目目标：

掌握设置遮罩层及被遮罩层，掌握遮罩动画的制作。

项目要求：

熟练掌握制作遮罩动画的技巧。

项目实训步骤：

1. 选择图层［表针动画］，单击［新建图层］按钮，并重命名为［从右往左线条］，选择第 280 帧，单击右键，在弹出的快捷菜单中选择［插入关键帧］。

2. 选择图层［从右向左线条］的第 280 帧，将元件［线条］拖到舞台合适的位置，如图 5–97 所示。

图 5–97

3. 选择图层［从右向左线条］的第 290 帧，单击右键，在弹出的快捷菜单中选择［插入关键帧］。将元件［线条］拖到舞台合适的位置，如图 5–98 所示。

图 5–98

4. 在第 280 帧和第 290 帧之间，选择任意一帧，单击右键，在弹出的快捷菜单中选择［创建传统补间］。

5. 新建图层，重命名为［时光流逝］，选择第 290 帧，单击右键，在弹出的快捷菜单中选择［插入关键帧］。

6. 选择图层［时光流逝］的第 290 帧，将元件［时光流逝］拖到舞台合适的位置，如图 5–99 所示。

图 5–99

7. 新建图层，重命名为［光条］，选择第 290 帧，单击右键，在弹出的快捷菜单中选择［插入关键帧］。

8. 选择图层［光条］的第 290 帧，将元件［光条］拖到舞台合适的位置，如图 5-100 所示。

图 5-100

9. 选择图层［光条］的第 305 帧，单击右键，在弹出的快捷菜单中选择［插入关键帧］，将元件［光条］拖到舞台合适的位置，如图 5-101 所示。

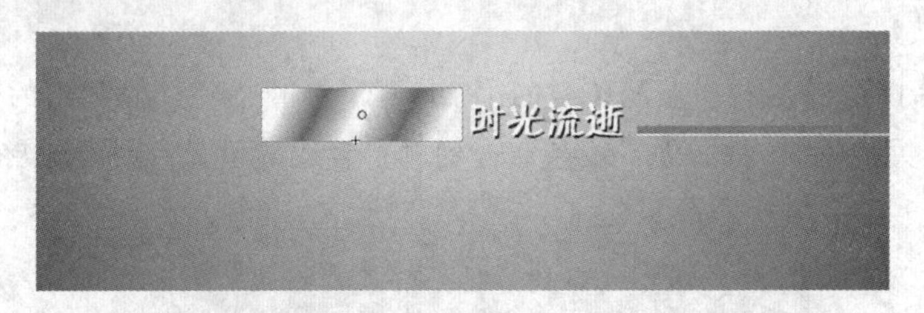

图 5-101

10. 在第 290 帧和第 305 帧之间，选择任意一帧，单击右键，在弹出的快捷菜单中选择［创建传统补间］。

11. 选择图层［时光流逝］的第 290 帧，单击右键，在弹出的快捷菜单中选择［复制帧］。

12. 新建图层，重命名为［复制时光流逝］，选择第 290 帧，单击右键，在弹出的快捷菜单中选择［粘贴帧］。

13. 选择［复制时光流逝］，单击右键，在弹出的快捷菜单中选择［遮罩层］，如图 5-102 所示。

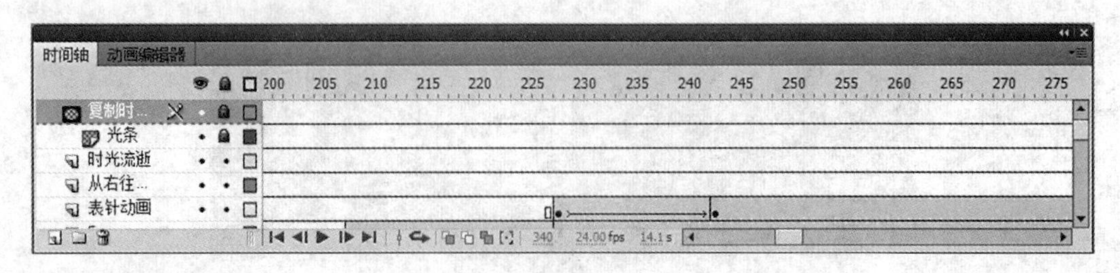

图 5-102

14. 参照上述步骤，制作元件［一去不返］动画效果。时间轴如图 5-103 所示，效果图如图 5-104 所示。

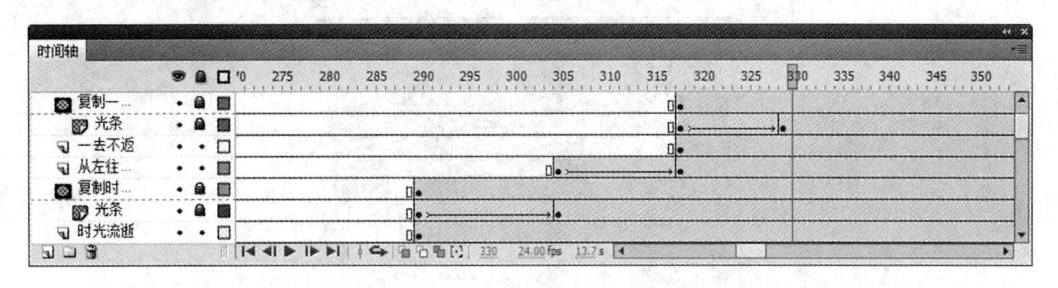

图 5-103

图 5-104

15. 新建图层，重命名为［珍惜时间］，选择第 330 帧，单击右键，在弹出的快捷菜单中选择［插入关键帧］。

16. 执行［插入>新建元件］命令，打开［新建元件］对话框。新建元件，元件名称为［珍惜时间］，选择类型下拉列表中的［图形］选项，如图 5-105 所示。

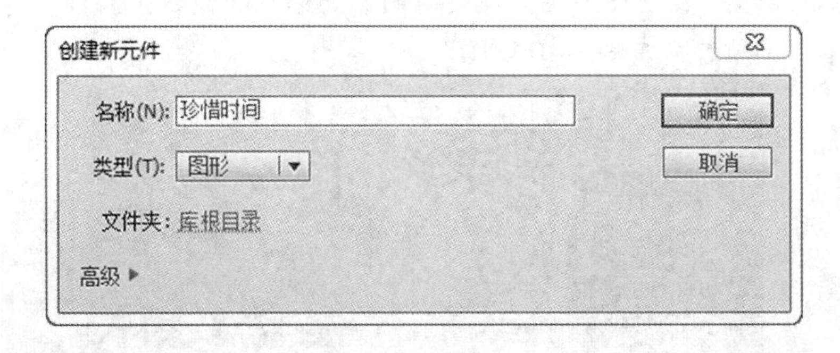

图 5-105

17. 使用文字工具输入［珍惜时间］字，大小为 80 点，字体为［方正毡笔黑简体］，颜色为［#3F6470］，如图 5-106 所示。

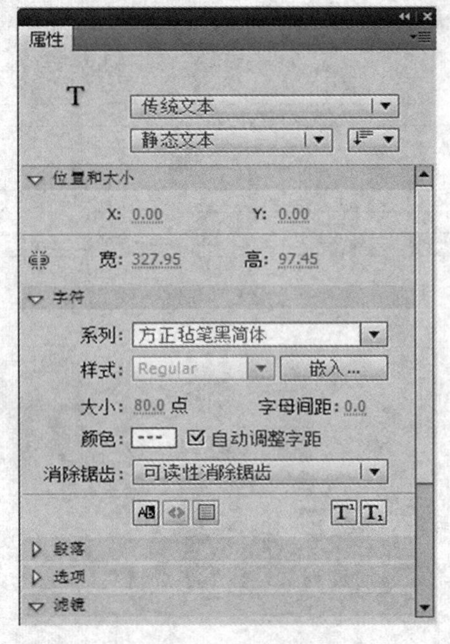

图 5-106

18. 按照子项目三制作立体效果文字的方法，制作元件［珍惜时间］，如图 5-107 所示。

图 5-107

19. 返回场景 1，选择图层［珍惜时间］的第 330 帧，把元件［珍惜时间］拖到舞台合适的位置，如图 5-108 所示。

图 5-108

20. 选中元件［珍惜时间］，按［Ctrl+B］组合键打散文字，如图 5-109 所示。

图 5-109

21. 选择图层［珍惜时间］，在时间轴面板上分别选择第 335 帧、第 340 帧、第 345 帧，然后单击右键，在弹出的快捷菜单中选择［插入关键帧］。

22. 选择第 330 帧，删除文字［惜时间］，如图 5-110 所示。

图 5-110

23. 按照步骤 22 所示的方法，制作第 335 帧和第 340 帧，如图 5-111 和图 5-112 所示。

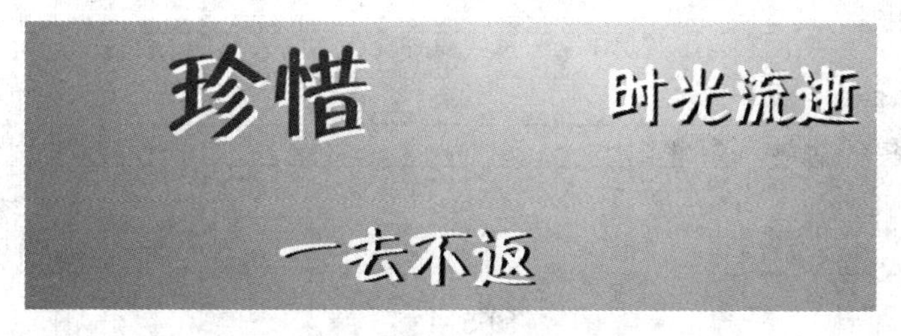

图 5-111

图 5-112

24. 按［Ctrl+Enter］组合键测试影片。

子项目十：保存并生成影片

项目目标：

学会文件的保存及发布。

项目要求：

熟练掌握文件的保存及发布方法。

项目实训步骤：

1. 执行［文件>另存为］命令，打开［另存为］对话框，选择文件要保存的位置，在“文件名”文件框中输入［公益广告.fla］，保存类型选择参照图 5-113 所示。单击［确定］按钮，保存 Flash 文档。

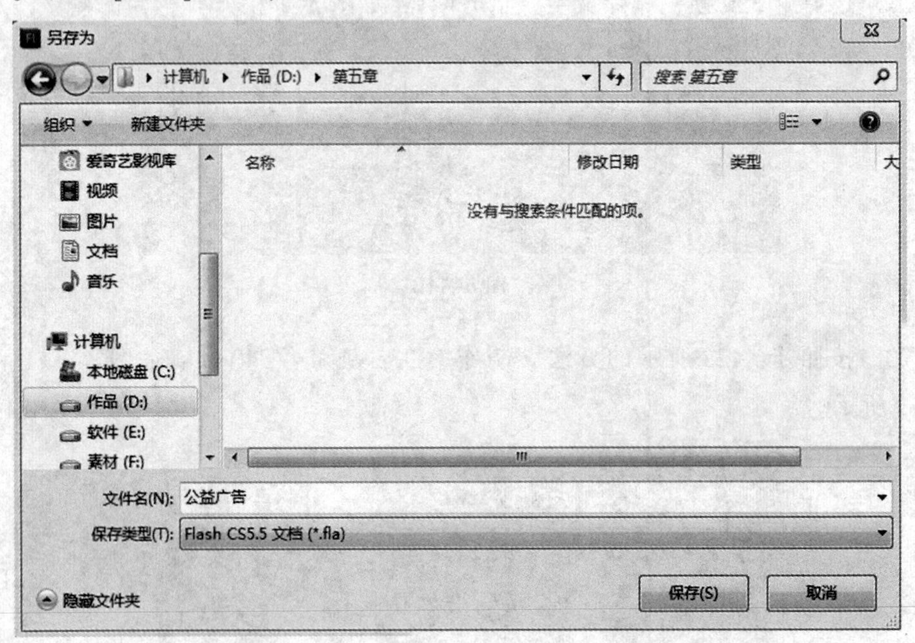

图 5-113

2. 执行［文件>导出/导出影片］命令，打开［导出影片］对话框，选择文件要保存的位置，在“文件名”文件框中输入［公益广告.swf］，保存类型选择参照图 5-114 所示。单击［保存］按钮，生成 Flash 影片。

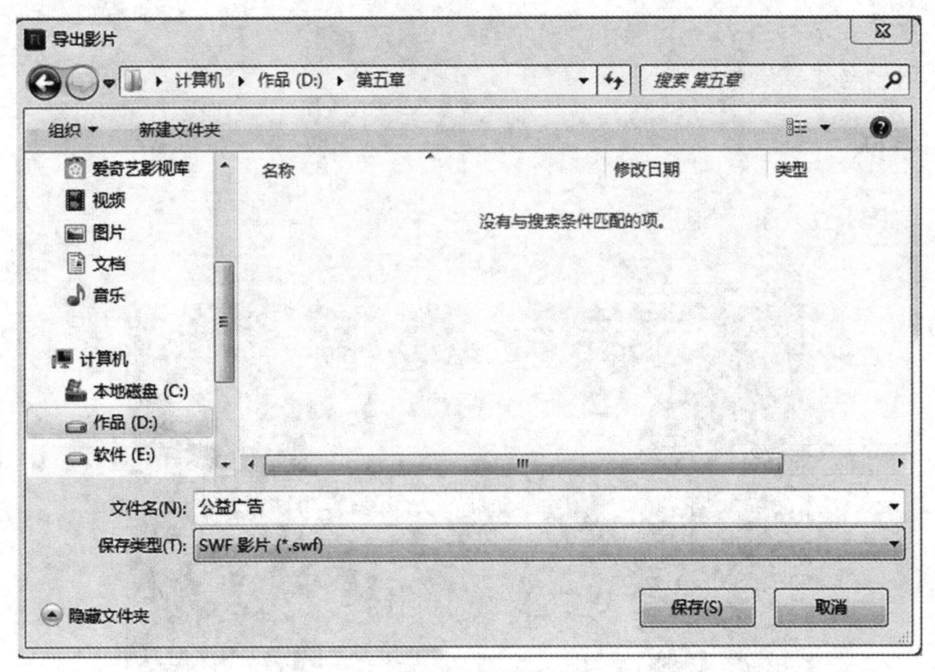

图 5–114

第三节　项目拓展

项目一：

制作卷轴效果，如图 5–115 所示。

图 5–115

项目要求：

卷轴与遮罩层要同步。

项目二：

制作水纹效果，如图 5-116 所示。

图 5-116

项目要求：

1. 水纹流动要自然流畅。
2. 制作水纹的图片时要与背景图错开。

项目三：

制作百叶窗效果。

项目要求：

遮罩层图形要均等分布。

第六章　引导线动画——网络 BANNER 制作

网络 BANNER 通常处于一个网站首页最重要的位置上，因此在设计的时候需要慎重，首先要保证它的醒目，但又不能影响页面呈现的内容。利用 FLASH 软件，制作的网络 BANNER 动画具有体积小、兼容性好、直观、动感的特点，并且可以边下载边播放，是当今流行的网页动画格式。本章通过制作米诺小学网络 BANNER，详细讲述网络 BANNER 的制作过程。

第一节　引导线动画基础

引导层动画由引导层和被引导层组成，引导线用来描述物体的运动轨迹，而引导层是放置引导线的图层，被引导层是放置运动对象的图层。引导层动画与逐帧和传统补间不同，它是通过在引导层上加线条来作为被引导层上元件的运动轨迹，从而实现对被引导层上元素的路径约束。

一、引导层

引导层指的是设定运动对象运动的某一路径（平滑曲线），在引导层中画好运动路径（引导线），在被引导层（引导层的下一层）中使运动对象与引导线吸附在一起，从而可以使运动对象沿着指定的路径运动。引导线只对对象的运动起引导作用，在最终影片的测试及输出的时候不会显示出来。

二、单层引导

单层引导即引导层和被引导层只有一个。

三、多层引导原理

将普通图层拖动到引导层或被引导层的下面，即可将普通图层转化为其被引导层，在一组引导中，引导层只能有一个，而被引导层可以有多个，这就是多层引导，如图 6-1 所示。

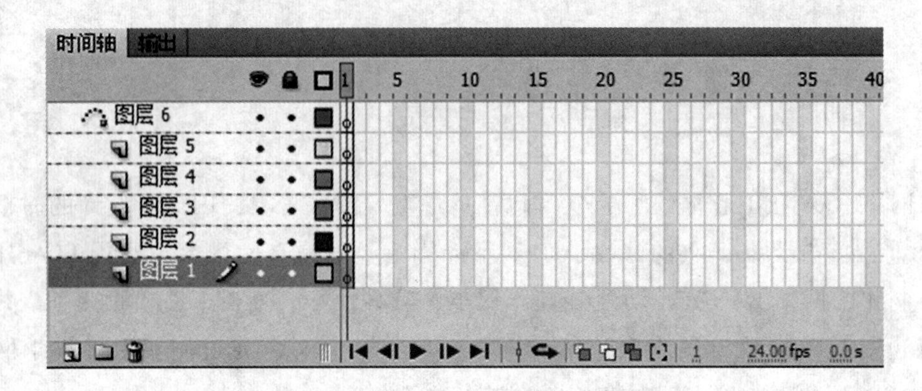

图 6-1

第二节　引导线动画应用

一、创建引导线动画的要素

1. 普通层

元件放于普通层上。

2. 引导层

引导线绘制在引导层上。

3. 引导层中的动画，要有起始帧关键帧和结束帧关键帧。

二、创建引导动画的注意事项

1. 引导层

引导层必须在被引导图层的上方，且引导层只能有一个，被引导层可以有多个。

2. 引导线要求

引导线在绘制的过程中，要使用圆润的线。引导线允许交叠，但在交叠处要保持光滑，并插入关键帧移动吸附点，否则引导线动画会失败。被引导对象的帧属性面板中的贴紧选项，有助于引导线动画的制作，如图 6–2 所示。

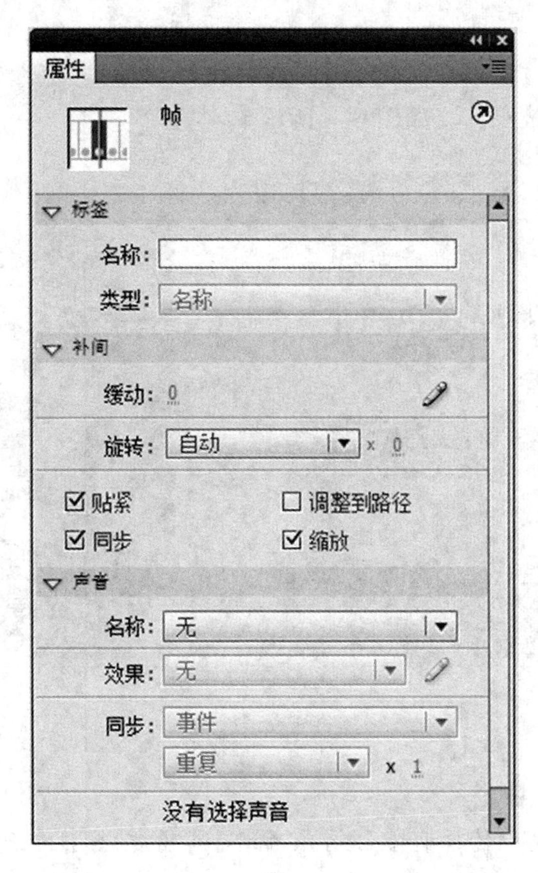

图 6–2

在使用铅笔工具绘制引导线时，可使用平滑方式，如图 6–3 所示。

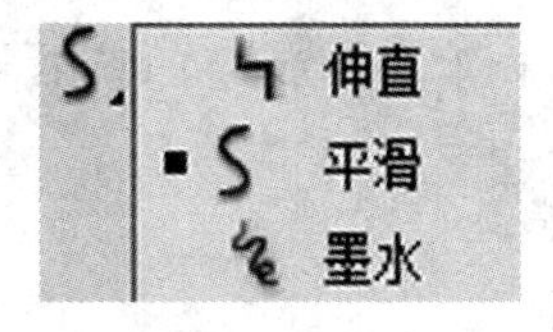

图 6–3

3. 被引导的运动对象必须吸附在引导线上

创建引导线动画时，在动画起始帧关键帧和结束帧关键帧上，一定要让元件的中心点对准线段的起始和结束的端点，否则无法引导。

第三节　网络BANNER

网络 BANNER 效果图，如图 6-4 所示。

图 6-4

项目背景：

青岛锦绣长安文化传播有限公司在米诺小学系列图书出版前为其进行网络宣传，制作网站 BANNER。

项目规划：

在这个实例中，为了更好地宣传米诺小学系列图书，选用了米诺小学图书封面的一部分作为背景图。图片放于右侧，字的特效放在左侧。字体颜色搭配采用了对比度较强的颜色，使字体看起来醒目、大方，字体增加了边线效果及变形效果使字体更具立体感。

知识目标：

1. 理解和掌握引导线动画原理。
2. 能够区分引导层和被引导线。
3. 掌握建立引导线的方法。
4. 掌握引导线动画制作的步骤。
5. 掌握元件的属性面板的使用。

技能目标：

1. 熟练制作引导线动画。

2. 使用元件的属性面板制作一些特殊的效果。

关键技术：

1. 引导线的使用。

2. 元件属性的设置。

子项目一：导入BANNER广告背景图

项目目标：

学会利用已有图片导入 FLASH 中制作背景图。

项目要求：

导入的背景图要和舞台大小相一致，并转化为元件。

项目实训步骤：

1. 启动 Flash 软件，执行［文件>新建］命令，打开［新建文档］对话框/选择［ActionScript 3.0］选项，单击［确定］按钮，进入新建文档舞台窗口，新建一个 Flash 文档。

2. 执行［修改>文档］命令，打开［文档属性］对话框，参照图 6–5 所示进行设置，单击［确定］按钮即可。

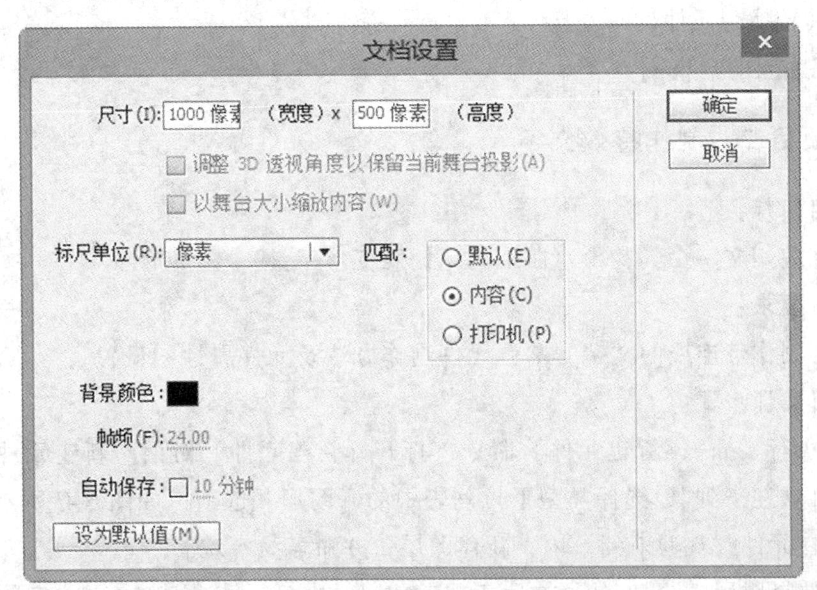

图 6–5

3. 执行［文件>导入>导入到库］命令，选择［Banner.jpg］文件，将它导入到库里面，在库中将导入的图片移到当前舞台中。

4. 将图层 1 重命名为［bg］。

5. 选择舞台上的背景图，在属性栏中设置它的位置和大小，具体值参照图 6–6。

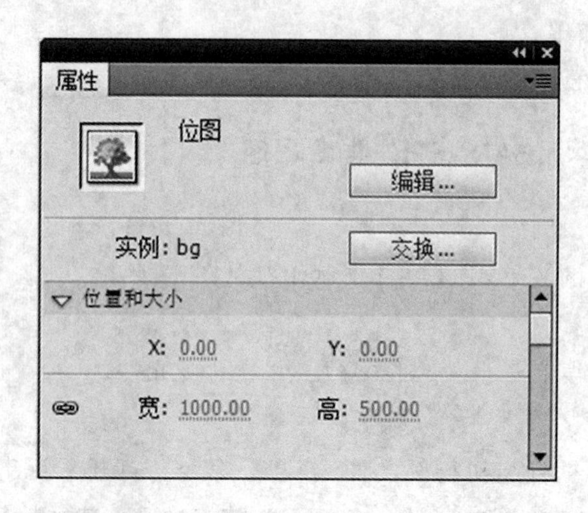

图 6–6

6. 选择舞台上的背景图，按 F8 键打开［转换为元件］对话框，在［转换为元件］框中输入［bg］，选择类型下拉列表中的［图形］选项，单击［确定］按钮，将其转换为元件。

7. 锁定图层［bg］。

子项目二：制作特效文字

项目目标：

熟练应用文字工具、墨水瓶工具、任意变形工具。

项目要求：

学会制作带连线的文字，掌握元件制作方法及元件属性的设置。

项目实训步骤：

1. 执行［插入>新建元件］命令，打开［新建元件］对话。新建元件，元件名称为［欢迎来到］，选择类型下拉列表中的［图形］选项，如图 6–7 所示。

2. 在元件［欢迎来到］内，新建图层 1 并命名为［欢］。

3. 选择图层［欢］，使用文字工具输入［欢］字，大小为 50 点，字体为［创艺简中圆］，颜色为［#E77918］，如图 6–8 所示。

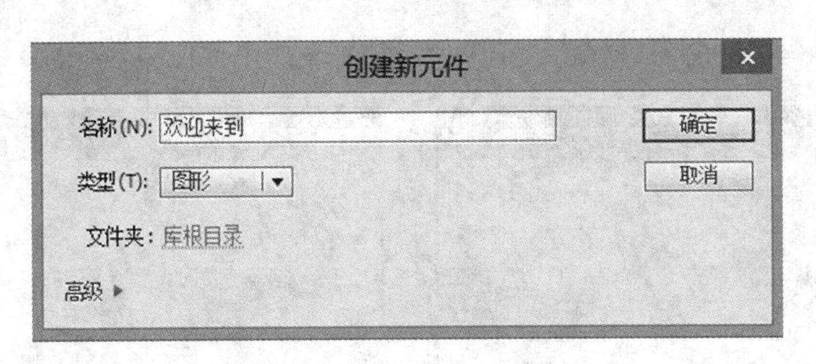

图 6-7

图 6-8

4. 选择文字［欢］，并按 Ctrl+B 组合键打散文字。

5. 新建图层 2，重命名为［欢 1］。

6. 将图层［欢 1］移动到图层［欢］下面，按 Ctrl+C 组合键复制图层［欢］的第 1 帧上的文字，然后按 Ctrl+Shift+V 组合键原位粘贴到图层［欢 1］的第 1 帧。

7. 锁定图层［欢］。

8. 选择图层［欢 1］，使用墨水瓶工具给图层［欢 1］第 1 帧上的文字加边线，颜色为白色，笔触大小为 8，在属性栏中，参照图 6-9 进行设置。

9. 新建图层 3，重命名为［欢 2］。

10. 将图层［欢 2］，移动到图层［欢 1］下面，按 Ctrl+C 组合键复制图层［欢］的第 1 帧上的文字，然后按 Ctrl+Shift+V 组合键原位粘贴到图层［欢 2］的第 1 帧。

11. 选择图层［欢 2］，使用墨水瓶工具，给图层［欢 2］中的文字加边线，颜色为蓝色［#000066］，笔触大小为 14，在属性栏中参照图 6-10 进行设置。

图 6-9

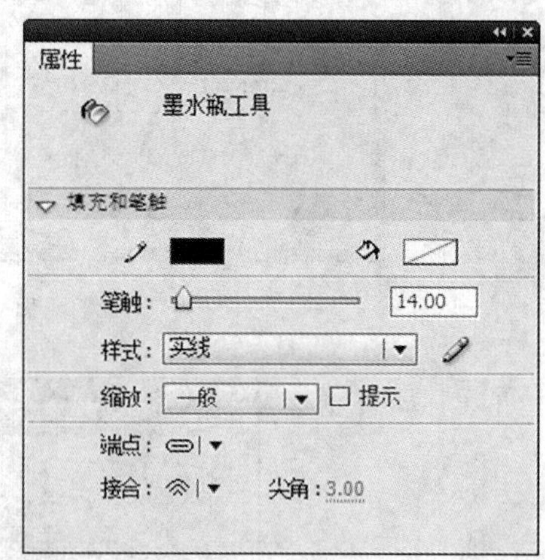

图 6-10

12. 参照步骤 2-10，制作图层［迎］、图层［迎 1］、图层［迎 2］。其中图层［迎］中的［迎］字，颜色值为［#85C32A］，图层［迎 1］、图层［迎 2］中文字属性同步骤7、步骤 10 一致，其它参数如图 6-11 所示。

13. 参照步骤 2-10，制作图层［来］、图层［来 1］、图层［来 2］。其中图层［来］中的［来］字，颜色值为［#0093DD］，图层［来 1］、图层［来 2］中文字属性同步骤 7、步骤 10 一致，其它参数如图 6-12 所示。

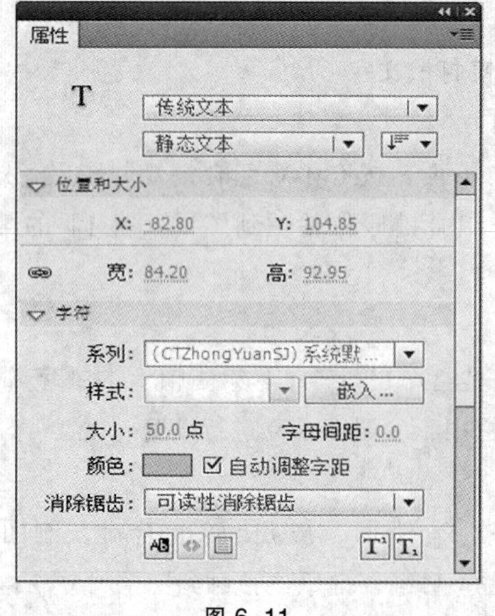

图 6-11

图 6-12

14. 参照步骤 2-10，制作图层［到］、图层［到 1］、图层［到 2］。其中图层

[到] 中的 [到] 字，颜色值为 [#8F1C77]，图层 [到 1]、图层 [到 2] 中文字属性同步骤 7、步骤 10 一致，其它参数如图 6-13 所示。

15. 制作完成后，调整文字位置，如图 6-14 所示。

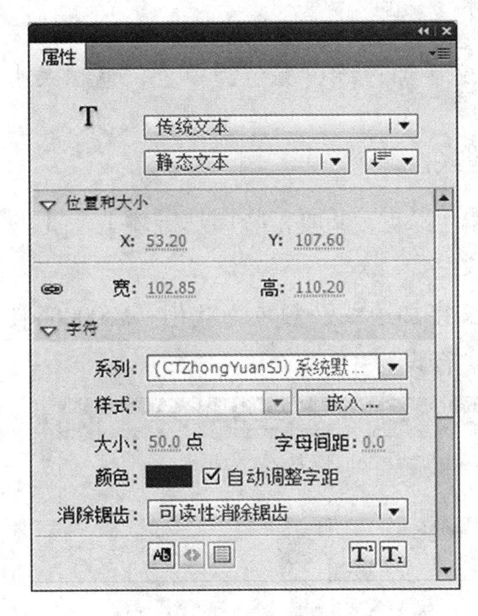

图 6-13

图 6-14

16. 新建元件，元件名称为 [米诺小学]，选择类型下拉列表中的 [图形] 选项，如图 6-15 所示。

17. 新建图层 1，并重命名为 [米]。

18. 在图层 [米] 中，使用文字工具输入 [米] 字，大小 50 点，字体为 [汉仪菱心体简]，颜色为[#DD127B]，如图 6-16 所示。

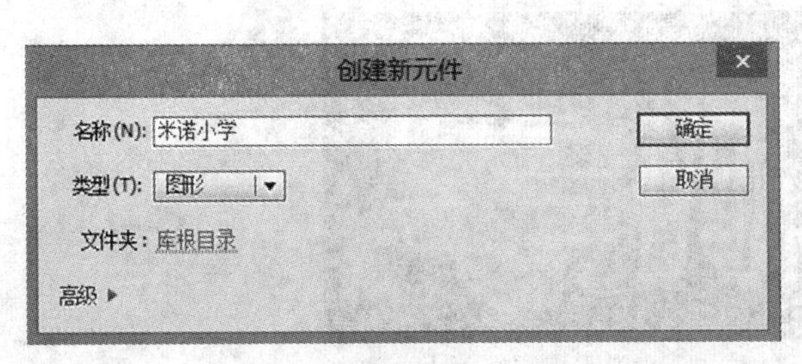

图 6-15

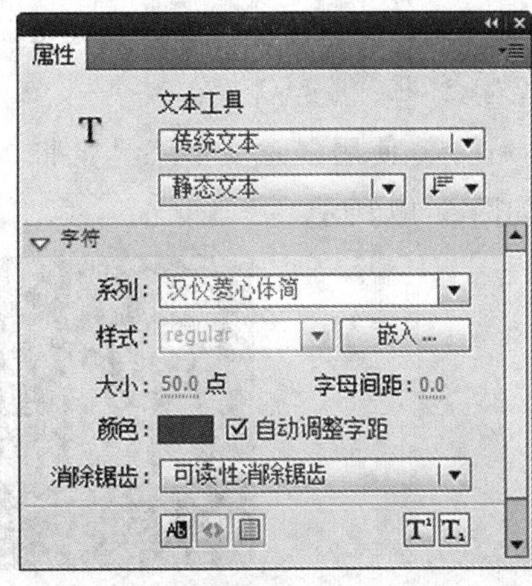

图 6-16

19. 选择文字［米］，并按 Ctrl+B 组合键打散文字。

20. 新建图层 2，重命名为［米 1］并将图层移动到图层［米］下面，按 Ctrl+C 组合键复制图层［米］的第 1 帧上的文字，然后按 Ctrl+Shift+V 组合键原位粘贴到图层［米 1］的第 1 帧。

21. 使用墨水瓶工具，给图层［米 1］文字加边线，颜色为白色，笔触大小为6，在属性栏中，参照图6–17 进行设置。

21. 新建图层 3，重命名为［米 2］。

22. 选择图层［米 2］，将其移动到图层［米 1］下面，将图层［米］第 1 帧复制原位置粘贴到［米 2］图层中，并打散文字。

23. 使用墨水瓶工具，给图层［米 2］文字加边线，颜色为蓝色［#000066］，笔触大小为 12，在属性栏中，参照图 6–18 进行设置。

属性
墨水瓶工具
填充和笔触
笔触：
6.00
样式：
实线
缩放：
一般
提示
端点：
接合：
尖角：3.00

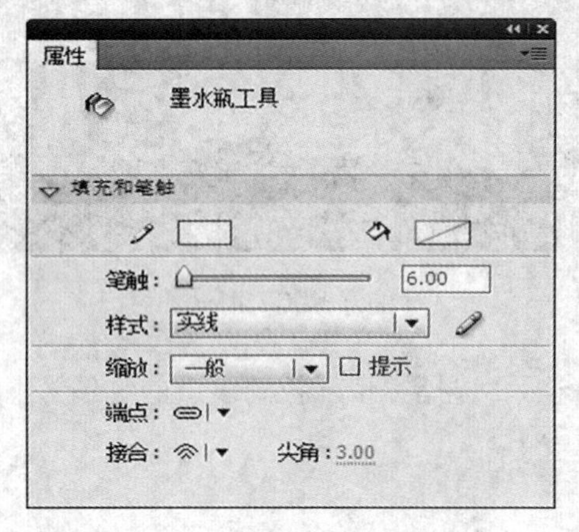

图 6–17

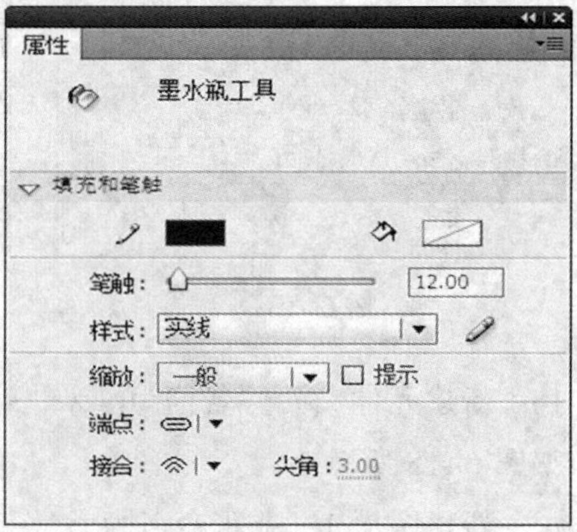

属性
墨水瓶工具
填充和笔触
笔触：
12.00
样式：
实线
缩放：
一般
提示
端点：
接合：
尖角：3.00

图 6–18

24. 参照步骤 17–24，制作图层［诺］、图层［诺 1］、图层［诺 2］、图层［小］、图层［小 1］、图层［小 2］、图层［学］、图层［学 1］、图层［学 2］中的文字效果。

25. 使用任意变形工具，将文字进行变形，制作完成后调整文字位置效果，如图 6–19 所示。

米诺小学

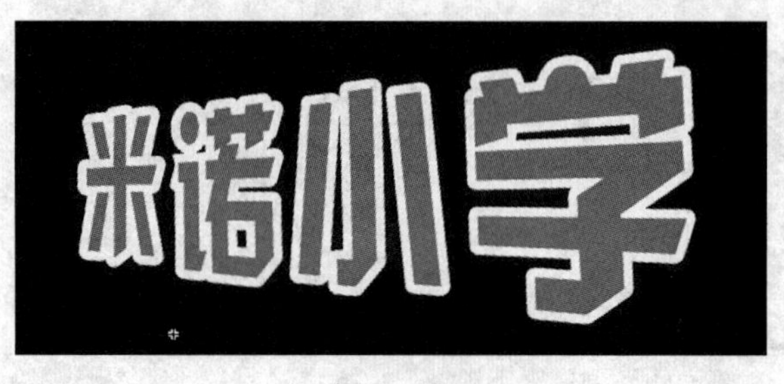

图 6–19

子项目三：制作漂亮的星星及彩条

项目目标：

熟练应用多角星形工具、钢笔工具、元件色调的设置。

项目要求：

学用利用多角星形工具及直线工具制作漂亮的星星及彩条。

项目实训步骤：

1. 执行［插入>新建元件］命令，打开［新建元件］对话框，新建元件并命名为［star］，选择类型下拉列表中的［图形］选项，如图 6-20 所示。

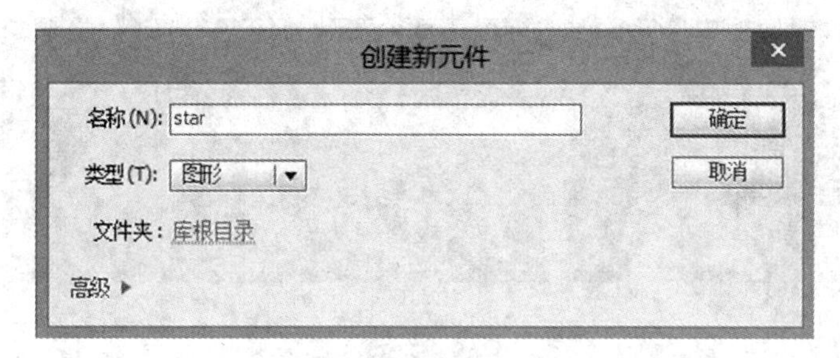

图 6-20

2. 选择［多角星形工具］，将笔触颜色设为无，选择工具设置下的［选项］按钮，将样式设置为［星形］，边数设置为 5，参照图 6-21、图 6-22 进行设置。

图 6-21

3. 设置好［多角星形］工具属性后，在舞台画出一个星星，如图 6-23 所示。

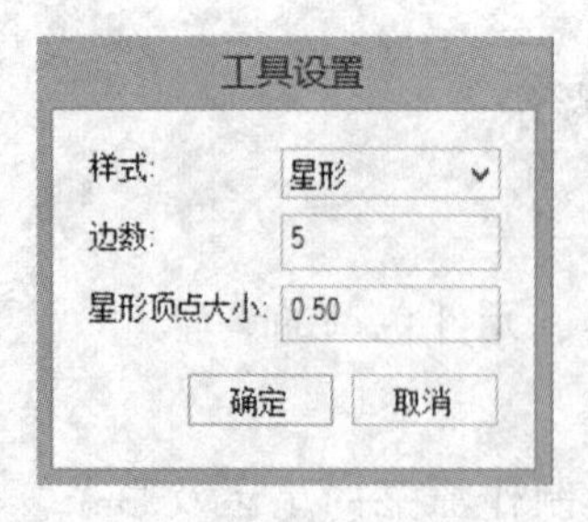

图 6-22

图 6-23

4. 执行［插入>新建元件］命令，打开［新建元件］对话框，新建元件［星星］，元件类型为图形，如图 6-24 所示。

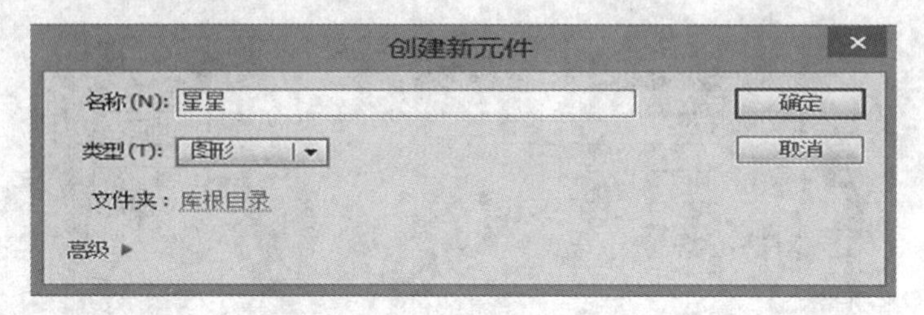

图 6-24

5. 使用直线工具或钢笔工具绘制如图 6-25 的多边形。

6. 将绘制好的图形填充颜色，颜色值为［#FFFF00］，并删除边线，如图 6-26 所示。

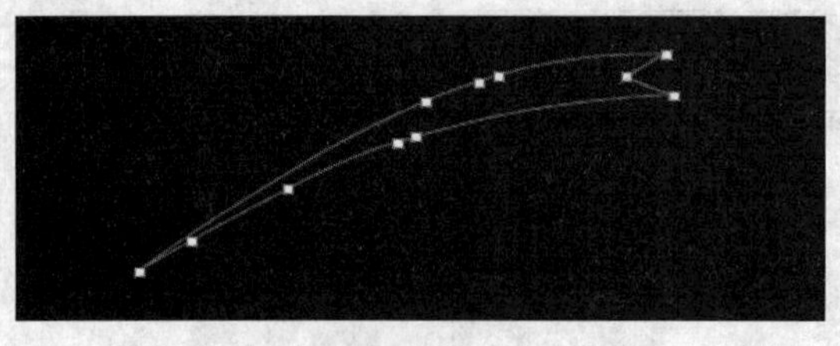

图 6-25

图 6-26

7. 将绘制好的图形使用 Ctrl+D 组合键直接复制，并调整位置和大小。颜色填充为红［#D62418］、黄［#FFF500］、橙［#E77918］、蓝［#0092E0］、灰［#1F1A17］，如图 6-27 所示。

图 6-27

8. 新建图层 2，并重命名为［群星］。

9. 选择图层［群星］的第 1 帧，将元件［star］拖到舞台中，打开属性面板，参数参照图 6-28 进行设置，制作红色星星。

10. 在库中，将元件［star］拖到舞台中，打开属性面板，参数参照图 6-29 进行设置，制作桃粉色星星。

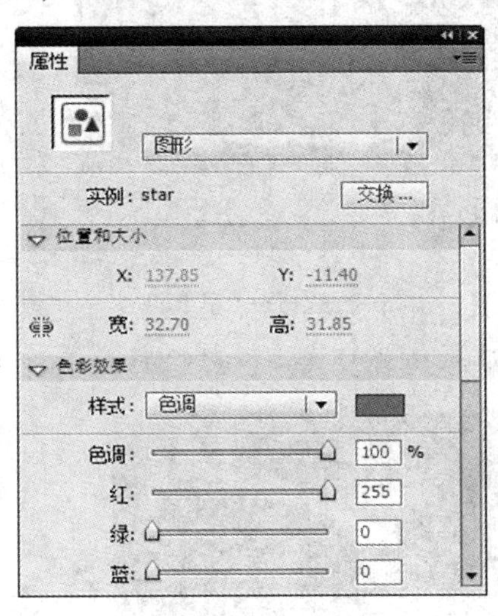

图 6-28

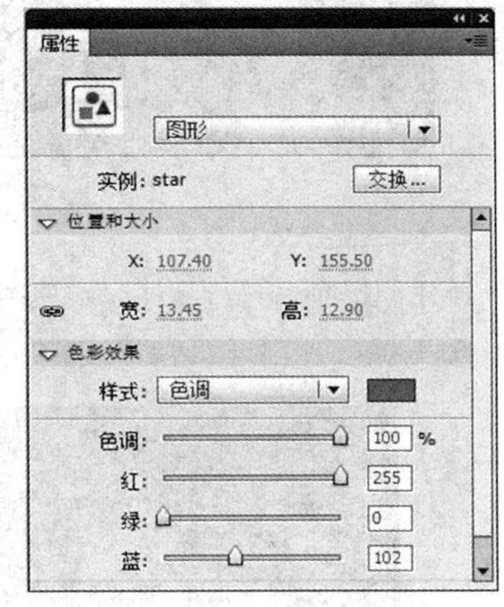

图 6-29

11. 在库中，将元件［star］拖到舞台中，打开属性面板，参数参照图 6-30 进行设置，制作紫色星星。

12. 在库中，将元件［star］拖到舞台中，打开属性面板，参数参照图 6-31 进行设置，制作蓝色星星。

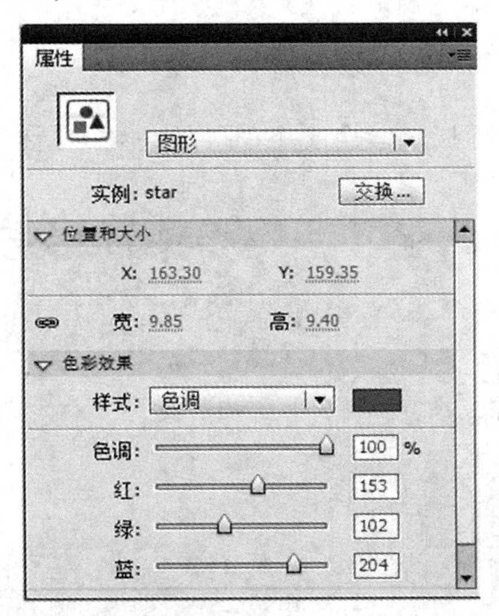

图 6-30

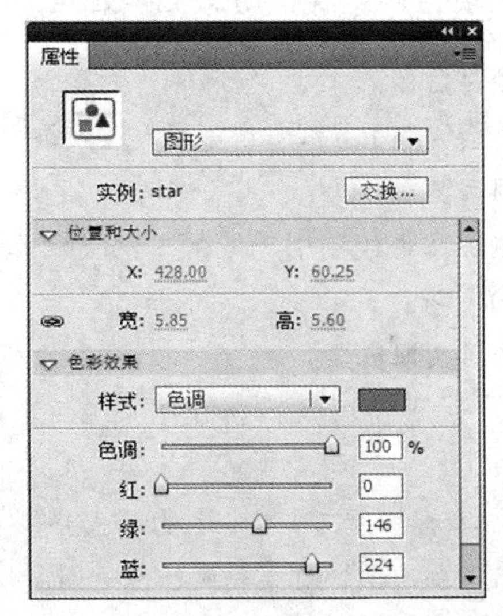

图 6-31

13. 选中图层［群星］中的元件［star］，按［Ctrl+D］组合键，复制多个星星调整位置大小，最终如图 6-32 所示。

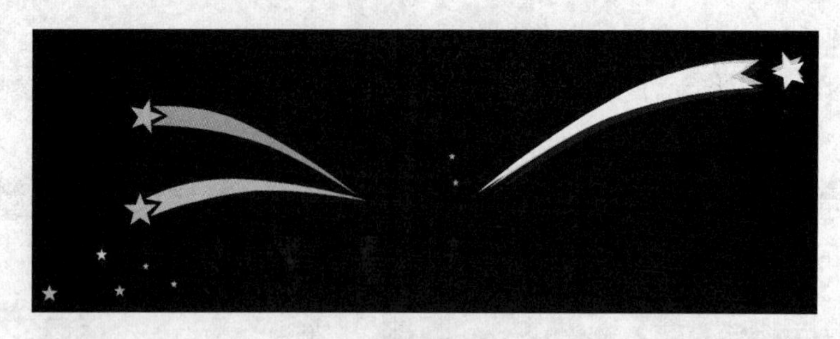

图 6-32

14. 打开［欢迎来到］元件，新建图层，并重命名为［星星］。

15. 将［星星］元件拖到舞台中，并调整位置及大小，最终如图 6-33 所示。

图 6-33

子项目四：制作动态文字效果

项目目标：

学会绘制引导线，设置引导层及被引导层，学会文字引导线动画的制作。

项目要求：

熟练掌握绘制引导线的方法，制作引导线动画的技巧。

项目实训步骤：

1. 返回到场景，新建图层 2，重命名为［mnxx］。

2. 新建图层 3，重命名为［引导层 1］，右键单击在弹出的快捷菜单中选择［引导层］，如图 6-34 所示。

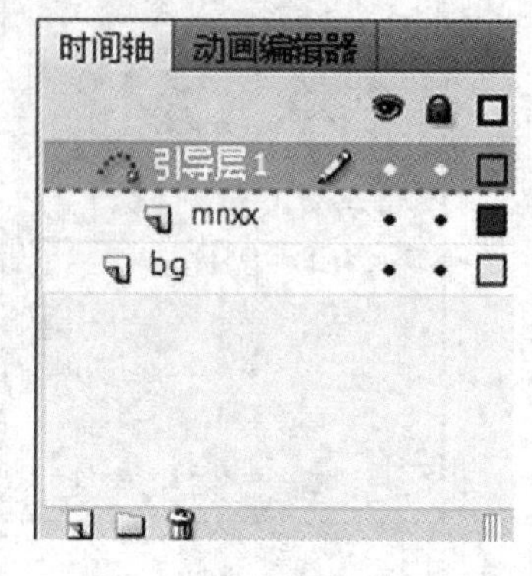

图 6-34

3. 选择图层［引导层 1］的第 1 帧，选择铅笔工具，并更改铅笔模式为平滑，在舞台上绘制如图6–35 所示的引导线。

图 6–35

4. 选择图层［引导层 1］的第 105 帧，单击右键，在弹出的快捷菜单中选择［插入帧］。

5. 将图层［引导层 1］ 锁定。

6. 选择图层［mnxx］，在时间轴面板上选择第 1 帧，将元件［米诺小学］拖到舞台合适位置。

7. 选择图层［mnxx］的第 10 帧，单击右键，在弹出的快捷菜单中选择［插入关键帧］。

8. 选择［bg］图层的第 105 帧，单击右键，在弹出的快捷菜单中选择［插入帧］。

9. 选择图层［mnxx］上的第 1 帧，使用任意变形工具将调整控制中心点移到如图 6–36 所示的位置。

图 6–36

10. 选择图层［mnxx］上的第10帧，使用任意变形工具将调整控制中心点移到如图6-37所示的位置，并旋转一定角度使其看起来效果更流畅。

图 6-37

11. 选择图层［mnxx］上的第25帧，单击右键，在弹出的快捷菜单中选择［插入关键帧］，使用任意变形工具将调整控制中心点移到如图6-38所示的位置，并旋转一定角度使其看起来效果更流畅。

图 6-38

12. 选择图层［mnxx］上的第35帧，单击右键，在弹出的快捷菜单中选择［插入关键帧］，使用任意变形工具将调整控制中心点移到如图6-39所示的位置。

图 6-39

13. 在第 1 帧和第 10 帧之间，选择任意一帧，单击右键，在弹出的快捷菜单中选择［创建传统补间］。

14. 在第 10 帧和第 25 帧之间，选择任意一帧，单击右键，在弹出的快捷菜单中选择［创建传统补间］。

15. 在第 25 帧和第 35 帧之间，选择任意一帧，单击右键，在弹出的快捷菜单中选择［创建传统补间］。

16. 按 ENTER 键查看运动轨迹。

17. 新建图层 4，重命名为［hyld］并将其放于图层［引导层 1］的上方。

18. 新建图层 5，重命名为［引导层 2］并将其放于图层［hyld］的上方。

19. 选中图层［引导层 2］，单击右键，在弹出的快捷菜单中选择［引导层］。

20. 选择图层［hyld］的第 35 帧，右键［插入空白关键帧］，将元件［欢迎来到］拖到舞台合适位置。

21. 在图层［引导层 2］中，使用铅笔工具，并更改铅笔工作的模式设为平滑，在舞台上绘制如图 6-40 所示的引导线。

22. 选择图层［引导层 2］的第 105 帧，单击右键，在弹出的快捷菜单中选择［插入帧］。

图 6-40

23. 将图层［引导层 2］锁定，如图 6-41 所示。

24. 选择图层［hyld］，在时间轴面板上选择第 65 帧，然后单击右键在弹出的快捷菜单中选择［插入关键帧］。

25. 选择图层［hyld］上的第 35 帧，使用任意变形工具将调整控制中心点，并将［hyld］元件移到如图 6-42 所示的位置，并旋转一定角度使其看起来效果更流畅。

图 6-41

图 6-42

26. 选择图层［hyld］上的第 65 帧，使用任意变形工具将调整控制中心点，并将［hyld］元件移到如图 6-43 所示的位置。

图 6-43

27. 选择图层［hyld］上的第 35 帧，单击右键，在弹出的快捷菜单中选择［创建传统补间］。

28. 按［Ctrl+Enter］组合键测试影片。

子项目五：保存并生成影片

项目目标：

掌握文件的保存及发布。

项目要求：

熟练运用文件的保存及发布方法。

项目实训步骤：

1. 执行［文件>另存为］命令，打开［另存为］对话框，选择文件要保存的位置，在文件名文件框中输入［Banner.fla］，保存类型选择参照图 6-44 所示。单击[保存] 按钮，保存 Flash 文档。

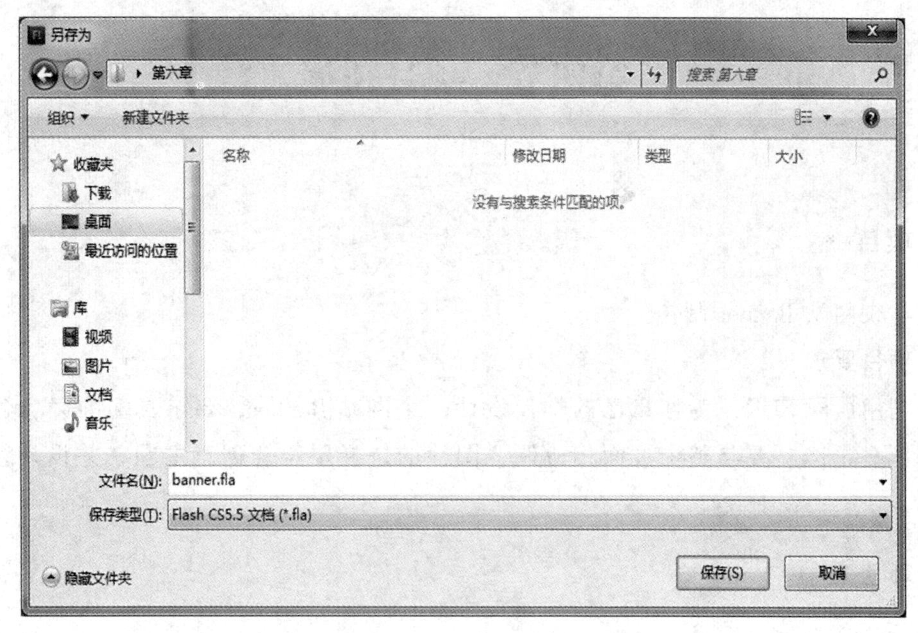

图 6-44

2. 执行［文件>导出>导出影片］命令，打开［导出影片］对话框，选择文件要保存的位置，在文件名文件框中输入［Banner.swf］，保存类型选择参照图 6-45 所示。单击［保存］按钮，生成 Flash 影片。

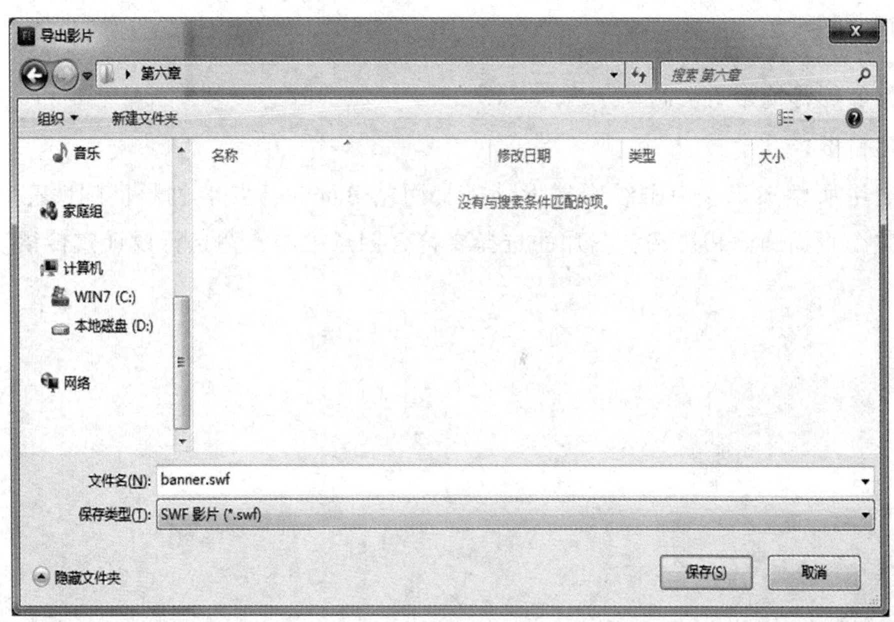

图 6-45

第四节　项目拓展

项目一：

学校网站 Banner 制作

项目要求：

利用所学知识，为你自己的学校设计一个网站 Banner，要求真实准确，色彩搭配明亮干净，要与整个页面相协调，图片的选择要符合创意主题，并设计宣传语。

项目二：

淘宝网 Banner 制作

项目要求：

利用所学知识，为淘宝网设计一个网站 Banner，要求内容丰富，色彩搭配明亮干净，要与整个页面相协调，图片的选择要符合创意主题，并设计宣传语。

项目三：

婚纱影楼网站 Banner 制作

项目要求：

利用所学知识，为婚纱影楼设计一个网站 Banner，要求色彩搭配明亮干净，要与整个页面画面相协调，图片的选择要符合创意主题，并自行设计宣传语。

第七章　短片制作

动画短片属于动画的一种，我们在各媒体或动画节上看到的短片类作品，还有动画形式的 MTV、动画形式的广告，都属于动画短片的范畴。它短小精悍，形式引人注目，故事结构简单、主题深刻、韵味独特、情感丰富。短片的创作无拘无束，形式各异，讲究风格化、个性化，强调表达自我。从实际操作上看，动画短片可以由一名创作者从头到尾单独完成，为此，我们以《春天在哪里》儿歌动画短片为项目案例，来掌握动画短片的整个制作过程。

第一节　项目介绍

一、项目名称

《春天在哪里》儿歌短片设计制作

二、项目目标

青岛五千年文化传媒有限公司受邀为幼儿园小朋友制作《春天在哪里》儿歌动画短片。要求画面清晰、色彩鲜艳、节奏感强，动画内容适合儿童观赏。

三、项目要求

1. 了解 Flash 短片的优点和特色。
2. 掌握建立补间动画、遮罩层动画的方法。
3. 掌握 Flash 短片制作的设计思路。
4. 掌握 Flash 短片的制作方法和技巧。

四、项目分析

儿歌视频是儿童最喜爱的动画视频之一，轻松欢快的音乐，生动形象的动画，让儿歌受到越来越多小朋友的喜爱。儿歌动画短片的一个显著特点和重要任务就在于要为孩子打造一个健康、积极的环境，让孩子从中能够体会到真诚、友爱、善良、勇敢等美好品质，并认识世界、亲近自然等，短片呈现效果如图 7-1 所示。

图 7-1

五、项目制作思路

本章的儿歌短片包括片头、片尾和 7 张内容页，选用了活泼、新鲜的颜色作为背景，营造了和谐、温馨的场景。书籍翻页的动画形式新颖、趣味性强，小鸟、鸭子、向日葵、花朵、彩虹、云朵等动植物形象可爱，充满童趣，动画节奏适中，能够吸引儿童的注意力。本例将使用钢笔工具和椭圆工具绘制各种背景图案以及主体对象动画元件。使用文本工具添加歌词等文字，使用变形工具旋转文字和图案的角度，大量使用了补间动画形式设计各种动画。

第二节 项目实施

子项目一：制作儿歌短片片头

项目目标：

熟练应用钢笔工具、椭圆工具绘制所需图形，熟练、应用文本工具设置文本属性，制作动画短片片头。

项目要求：

熟练掌握导入音频素材，新建元件，制作补间动画。

项目实训步骤：

1. 导入音乐素材

（1）选择［文件>新建］命令，在弹出的［新建文档］对话框中选择［ActionScript 3.0］选项，单击［确定］按钮，进入新建文档舞台窗口。在［属性］面板中将窗口的［宽度］选项设为1024，［高度］选项设为768，单击［确定］按钮，改变舞台窗口的大小。将选项设为24，舞台背景颜色为白色［#FFFFFF］。

（2）选择［文件>导入］命令，在弹出的［导入到库］对话框中选择［音频——春天在哪里.mp3］文件，单击［打开］按钮，文件被导入到库面板中，如图7-2所示。

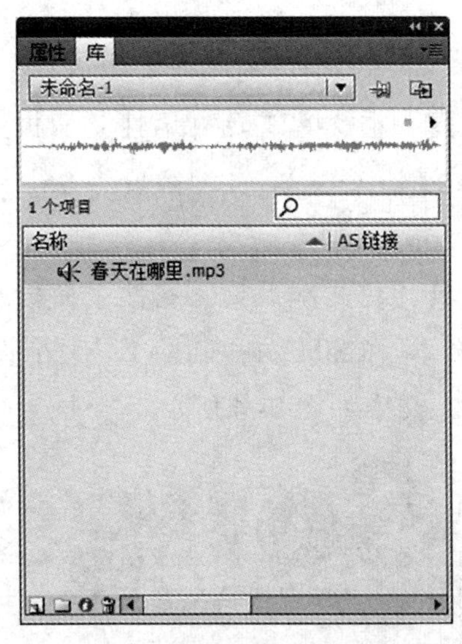

图 7-2

(3) 新建［音乐］图层，将库面板中的［春天在哪里.mp3］音乐导入到当前图层中。在时间轴面板上将［音乐］图层锁定。

2. 设计短片底图

(1) 在时间轴面板上，双击图层1，将图层名称修改为［底图］。选择［矩形］工具，在舞台窗口绘制一个矩形，在矩形的属性面板中设置宽为1024，高为768，填充颜色为［#EE6666］。在［窗口］菜单中打开［对齐］面板，勾选［与舞台对齐］一项，点击［左对齐］和［顶对齐］选项，使矩形与舞台吻合。

(2) 在时间轴面板上，点击［新建图层］按钮，将图层名称修改为［黑框］，在工作区中绘制一个宽度为2332.6、高度为1724.45的黑色矩形，将舞台覆盖。

(3) 选择底图上的矩形，单击右键，在快捷菜单中选择［复制］命令，在［黑框］图层上选择［编辑>粘贴到当前位置］命令，取消对矩形的选择。然后重新选择矩形色块，按住［Delete］键将矩形删除。在时间轴面板上将［黑框］图层锁定。

(4) 选择［钢笔］工具，在舞台窗口中上方中央位置绘制书籍造型，颜色为［#FEC5C5］，书籍造型如图7-3所示。

图 7-3

(5) 选择［文本］工具，在文本工具［属性］面板中进行设置，在舞台窗口的上方中央位置输入静态文本［Songs］，大小设为96，字体为［Cooper Std］，颜色为［#FEC5C5］。

(6) 选择［文本］工具，在文本工具［属性］面板中进行设置，在舞台窗口中的适当位置输入静态文本［Children′s series］，大小设为24，字体为［Cooper Std］，颜色为［#FEC5C5］，文字如图7-4所示。

图 7-4

(7) 在工具栏上选择［椭圆］工具，在椭圆选项属性中设置内径为0，按住［Shift］键，在舞台窗口绘制颜色为［#CC8585］，Alpha值设置为50%的正圆。然后多次调整椭圆半径和内径的值，按住［Shift］键，在舞台窗口绘制颜色为［#CC8585］、Alpha值设置为50%的正圆，做出圆环相套的效果，如图7–5所示。

(8) 按住［Shift］键，将相套的圆环依次选中，按住［Ctrl+G］组合键，将每套圆环成组，调整圆环在窗口自然摆放的位置。按住［Shift］键，将所有的圆环和文字、书籍、矩形依次选中，按住［Ctrl+G］组合键，将底图所有图案成组，如图7–6所示。在时间轴面板上将［底图］图层锁定。

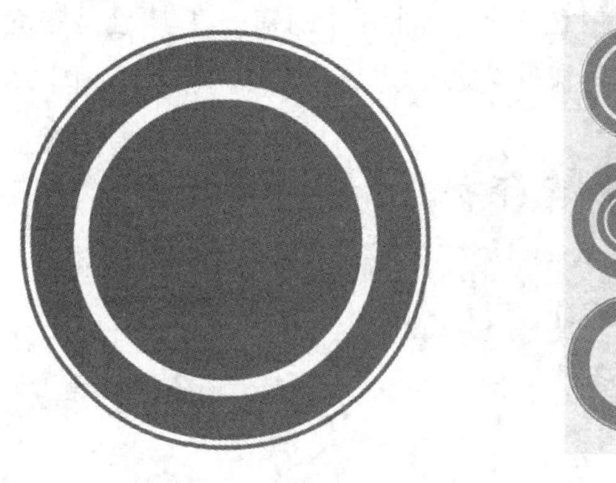

图7–5

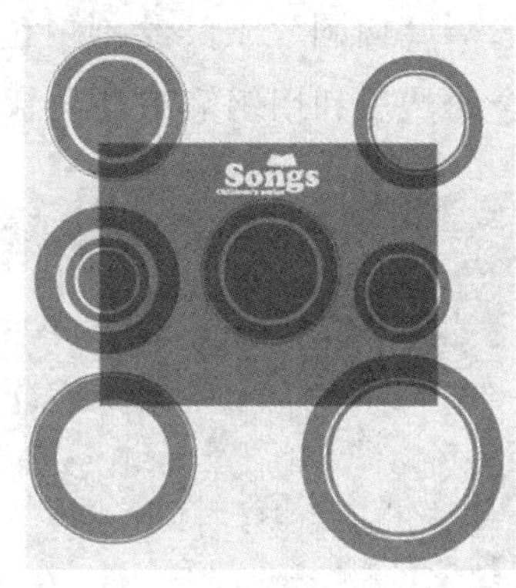

图7–6

3. 设计片头主题动画

(1) 创建元件。在［库］面板下方单击［新建元件］按钮，新建影片剪辑元件［小鸟1］。选择钢笔工具绘制小鸟的头部图案，效果图如图7–7所示。

(2) 在［库］面板下方单击［新建元件］按钮，新建影片剪辑元件［小鸟2］。选择钢笔工具绘制第二只小鸟的头部图案，效果图如图7–8所示。

图7–7

图7–8

(3) 在［库］面板下方单击［新建元件］按钮，新建影片剪辑元件［封面001］。选择矩形工具绘制宽为556.55、高为491.05，笔触颜色为无，填充颜色为［#FFFFFF］的矩形；选择矩形工具绘制宽为534.50、高为410.50，颜色为［#6AD2FF］的矩形。将两个矩形中心对齐。选择［椭圆］工具绘制填充颜色为［#B4E8FE］，笔触颜色 Alpha 值为0%的多个交叠的圆形，在下方绘制一个其他颜色的矩形，然后将矩形删除，形成如图所示的云彩。选择这朵云彩，按住［Ctrl］键复制出另外一朵，调整云彩的大小和位置。依照此方法，绘制下方云彩堆，如图 7-9 所示。

(4) 选择［椭圆］工具绘制白色圆形，利用［钢笔］工具绘制三角形，将两个图形组合。然后利用钢笔工具绘制红色心形点缀图案，效果图如图 7-10 所示。

图 7-9

图 7-10

(5) 在舞台窗口中导入影片剪辑［小鸟 1］的实例，将其放置在画面右下方。按住键复制出另外两个［小鸟 1］的实例，适当调整其大小和位置。选择后方的两个小鸟 1 实例，在属性面板中调整色彩效果样式为［色调］，颜色为［#6AD2FF］，效果图如图 7-11 所示。

(6) 在舞台窗口中导入影片剪辑［小鸟 2］的实例，将其放置在画面左上方。选择［修改>变形>水平翻转］命令，调整［小鸟 2］的方向，如图 7-12 所示。

(7) 制作按钮。在［库］面板下方单击［新建元件］按钮，新建按钮元件［播放］，在弹起状态下插入关键帧。选择［钢笔］工具绘制一片树叶形状，颜色分别为［#58B634］、［#83D161］。输入白色文字［GO］，大小为 40，字体为［Britannic Bold］，放置在树叶中央。

图 7-11

图 7-12

（8）新建影片剪辑［歌名］。选择文本工具输入［春天在哪里］，颜色为［#0C524A］，大小为 70，字体为［方正黑体-GBK］。

（9）在库面板下方单击［新建元件］按钮，新建图形元件［封面主题］。选择［矩形］工具绘制宽为 781.45、高为 512.65，笔触颜色为无，填充颜色为［#16A596］的矩形。在矩形上方绘制宽为 781.45，高位 79.45，笔触颜色为无，填充颜色为［#13867A］的矩形条，将该矩形条复制，将高度调整为 56.60，适当调整两个矩形条的位置。

（10）选择［矩形］工具，绘制笔触颜色为［#FFE68C］，填充色为无，样式为［虚线］的矩形，将该矩形与最下层的矩形中心对齐，如图 7-13 所示。

（11）在［底图］图层上方新建［图层 3］，将［封面 001］影片剪辑拖放到舞台上，在属性面板中为其设置投影滤镜效果，参数设置如图 7-14 所示。

图 7-13

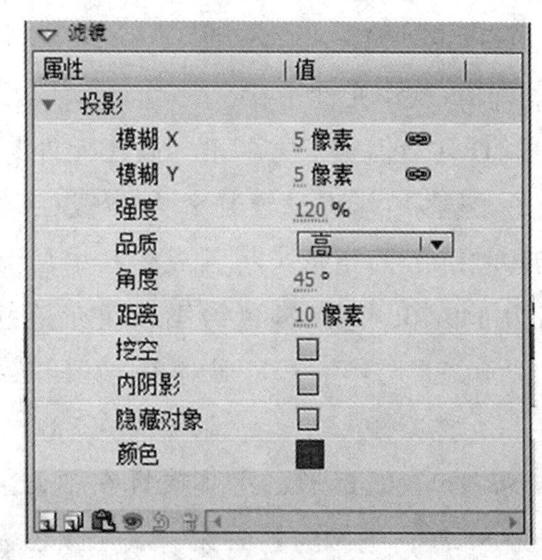

图 7-14

(12) 将［播放］按钮元件和［歌名］影片剪辑拖放到舞台上，调整到合适的位置，如图 7–15 所示。

(13) 将［封面主题］图形元件拖放到舞台上，与舞台中央对齐，如图 7–16 所示。

图 7–15

图 7–16

子项目二：制作内容页

项目目标：

熟练应用钢笔工具、椭圆工具绘制所需图形，制作动画短片内容。

项目要求：

熟练掌握元件的新建和复制，制作补间动画、遮罩动画以及逐帧动画。

项目实训步骤：

1. 设计第一张内容页

(1) 制作元件

① 在库面板下方单击［新建元件］按钮，新建图形元件［第一内容页底图右侧］。选择矩形工具绘制宽为 781.50，高为 735.90，笔触颜色为无，填充颜色为［#F9F2D9］的矩形。将其放置在中偏上的位置。选择矩形工具绘制宽为 721.00、高为 549.70，笔触颜色为无，填充颜色为［#6AD2FF］，圆角半径为 60 的矩形。将圆角矩形与第一个矩形对齐，如图 7–17 所示。

② 选择矩形工具绘制宽为 408.00、高为 17.20，笔触颜色为无，填充颜色为［#F9F2D9］的矩形，将其放置在中偏上的位置。选择矩形工具绘制宽为 75.50，高为 81.80，笔触颜色为无，填充颜色为［#9A6941］的矩形。将矩形放置在第一个矩形靠左的位置。

图 7-17

③ 在库面板中右击［小鸟 2］影片剪辑元件，选择［直接复制］命令，将其重命名为［小鸟 2 副本］影片剪辑。将［小鸟 2 副本］影片剪辑拖放到舞台上，选择［修改>变形>水平翻转］命令，将小鸟调转方向，放置在合适的位置。

④ 在小鸟旁边输入文字［bird］，字体为［Comic Sans MS］，颜色为［#B4E8FE］，大小为 50 点，适当调整倾斜方向，如图 7-18 所示。

图 7-18

⑤ 依据前文所述圆形叠加的方式制作云朵效果。

⑥ 在库面板中新建［彩虹］图形元件，在舞台上用钢笔工具绘制笔触颜色为［#FFFFFF］的白色图案，然后绘制填充颜色分别为［#F44A46］、［#FFB63C］、［#BFFF3］的彩虹图案，彩虹如图 7-19 所示，整体如图 7-20 所示。

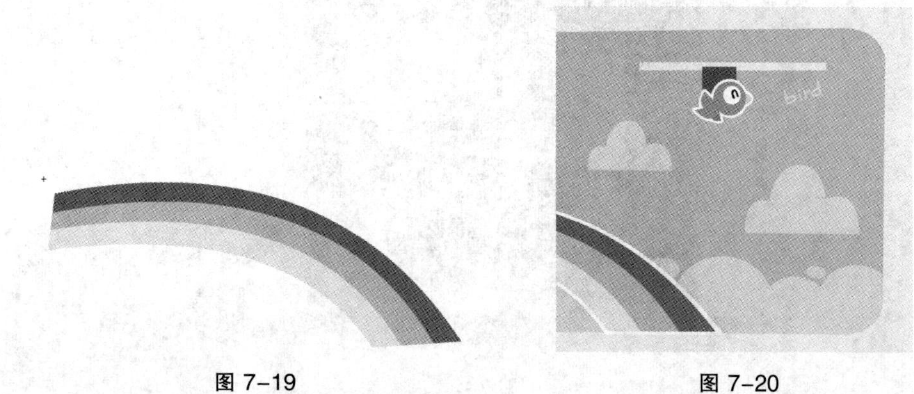

图 7-19　　　　图 7-20

⑦ 新建［棍棍 1］图形元件，选择矩形工具绘制宽为 59.10、高为 14.30，笔触颜色为无，填充颜色为［#9A6941］的矩形，将其放置在上方。选择矩形工具绘制宽为 59.35、高为 49.55，笔触颜色为无，填充颜色为［#F9F2D9］的矩形。利用选择工具将矩形上方提拉，达到弯起的效果。选择［多边形工具］，在工具设置中点击［选项］按钮，设置其边数为 3，绘制颜色为［#CB5252］的三角形，如图 7–21 所示。

⑧ 新建［钟摆小鸟］图形元件，将［小鸟 2 副本］影片剪辑拖放到舞台中，选择［修改>变换>水平翻转］，调整小鸟的方向，如图 7–22 所示。

图 7–21

图 7–22

（2）动画制作

① 选择［图层 3］上的 93 帧，按［F6］插入关键帧。在 94 帧插入关键帧，利用任意变形工具调整［封面主题］图形元件，如图 7–23 所示。

图 7–23

② 在［图层 3］上的 94、95、96、97、98 帧处分别插入关键帧，调整［封面主题］图形元件的倾斜角度，如图 7-24 所示。

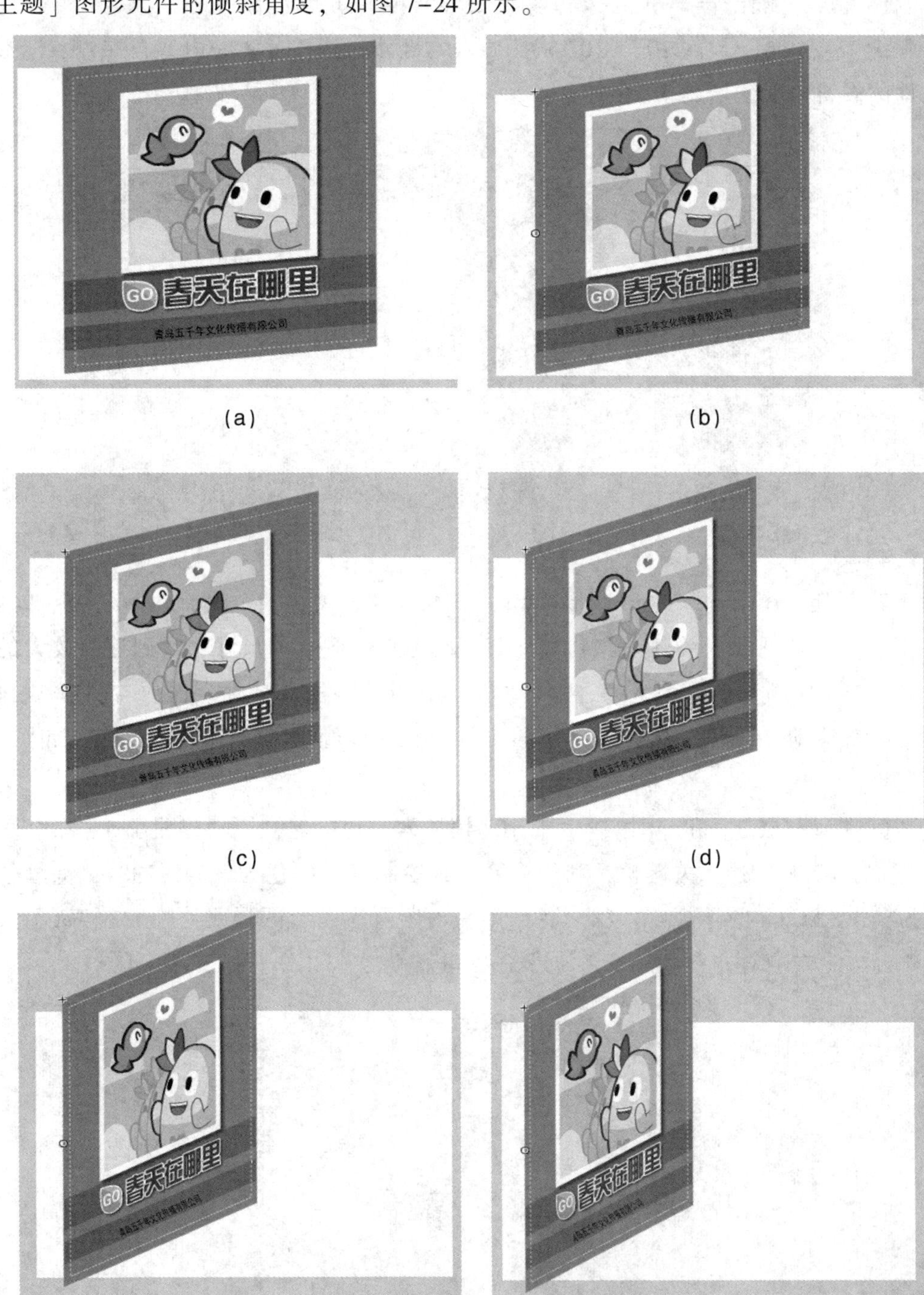

图 7-24

③ 在［图层 3］的 101 帧处插入关键帧，根据［第一内容页底图］图形元件的制作方法，制作［第一内容页左侧］图形元件，如图 7-25 所示。

④ 在［图层 3］的 101、103 帧处插入关键帧，调整［第一内容页左侧］图形元件的倾斜角度，如图 7-26 所示。

图 7-25　　　　图 7-26

⑤ 新建［图层 4］，在［图层 4］的 93 帧处插入关键帧。然后在 94、95、96、97、98、99 帧处插入关键帧，调整［第一内容页底图］的尺寸，达到逐帧放大的效果。在 101 帧处插入关键帧，继续增大其尺寸。在 103 帧处点击向右的箭头 14 次，向右移动［第一内容页底图］的位置，在 105 帧处缩小［第一内容页底图］的尺寸。

⑥ 在［图层 3］和［图层 4］的 107 帧插入空白关键帧。新建图层 5。在［图层 5］的107 帧处插入关键帧，利用钢笔工具绘制填充颜色为［#457238］，笔触颜色为［#BCC8C9］的不规则形状。将［第一内容页底图］图形元件拖放在舞台上，与舞台边缘右侧对齐，利用变形工具适当调整弧度，如图 7-27 所示。

图 7-27

⑦ 将［第一内容页底图］图形元件复制，选择［修改>变换>水平翻转］命令，与刚才的［第一内容页底图］图形元件对齐。调整色调，利用变形工具调整大小，效果图如图 7–28 所示。

图 7–28

⑧ 在［图层 5］的 109、111、113 帧处插入关键帧，逐步调整书籍折页对象的位置和大小，如图7–29 所示。

图 7–29

⑨ 在［图层 5］的 113 帧处将所有对象成组，在［图层 5］上的 114 帧处插入空白关键帧。

⑩ 在［图层 4］的 114 帧处插入关键帧，将［图层 5］上的 113 帧处的对象复制在当前位置。然后在［图层 4］的 115 帧处删除彩虹对象和小鸟图案。

⑪ 在库面板中新建［彩虹阴影］图形元件，利用钢笔工具绘制填充色为［#000000］、Alpha 值为 30%的图形，如图 7–30 所示。

图 7-30

⑫ 在［图层 3］的 115 帧处插入关键帧，将［彩虹阴影］图形元件拖放在舞台左侧，然后在 117、119 帧处插入关键帧，利用变形工具将 117 帧处的图形适当放大，在三个关键帧之间右击创建补间动画。

⑬ 在［图层 5］的 115 帧处插入关键帧，将［彩虹］图形元件拖放在舞台左侧元件 1 实例的上方，然后在 117、119 帧处插入关键帧，利用变形工具将 117 帧处的图形适当放大，在三个关键帧之间右击创建补间动画，如图 7-31 所示。

图 7-31

⑭ 新建［图层 8］，在 115 帧处插入关键帧，将［摆钟小鸟］图形元件拖放在舞台右侧，在 265 帧处插入关键帧，将［摆钟小鸟］图形元件向右上方移动适当的距离，右击创建补间动画。

⑮ 新建［图层 9］，在 115 帧处插入关键帧，利用钢笔工具绘制填充颜色为［#6AD2FF］、［#F9F2D9］的矩形色块，在 265 帧处插入帧，使之延续到 265 帧，如图 7-32 所示。

图 7-32

⑯ 在库面板中新建图形元件［浅色打开］，在舞台上绘制宽为 332.30、高为

53.40，填充颜色为［#B4E8FE］的圆角矩形，如图 7–33 所示。

图 7–33

⑰ 在库面板中新建［歌词 1］图形元件。

A. 在舞台的［图层 1］上绘制宽为 332.30、高为 53.40，填充颜色为［#1388B9］的圆角矩形。输入文字［春天在哪里呀］，字体为汉仪准中圆简，大小为 40 点，颜色为［#FFFFFF］，使用任意变形工具适当压扁，如图 7–34 所示。

春天在哪里呀

图 7–34

B. 在时间轴面板中新建［图层 2］，将［浅色打开］图形元件拖放到舞台上，使之与［图层 1］上的对象重合。在 6、8、10 帧处插入关键帧，图形元件保持原样。然后在 2、3、4、5 帧处插入关键帧，使用任意变形工具调整它的倾斜角度，如图7–35 所示。

图 7–35

⑱ 将［图层 5］上 113 帧处的成组对象复制。

⑲ 新建［图层 9］，在［图层 9］的 266 帧插入关键帧，然后选择［粘贴到当前位置］命令。将［歌词 1］图形元件拖放到舞台上书籍左侧，然后复制一份，适当缩小尺寸，向右移动位置。在 217 帧处插入关键帧，在 271 帧处插入帧，272 帧处插入空白关键帧。

⑳ 在库面板中新建［蝴蝶结］图形元件，利用钢笔工具绘制填充颜色为

［#FD8002］的图案，如图 7-36 所示。

㉑ 在库面板中新建［胳膊 1］图形元件，利用钢笔工具绘制填充颜色为［#FD8002］的图案，填充颜色为［#FEE1A3］的图案，如图 7-37 所示。

㉒ 在库面板中新建［头部］图形元件，利用椭圆工具和钢笔工具绘制头部图案，如图 7-38 所示。

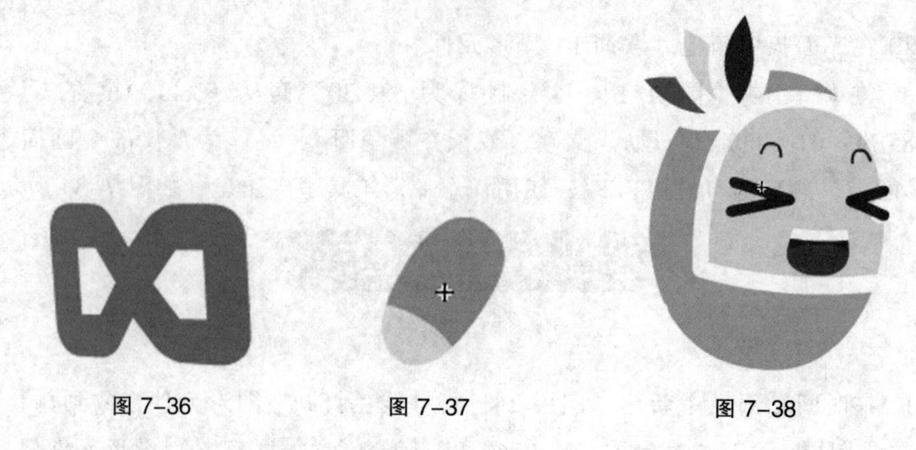

图 7-36　　图 7-37　　图 7-38

㉓ 在库面板中新建［胳膊 2］图形元件，利用钢笔工具绘制填充颜色为［#FD8002］的图案，填充颜色为［#FEE1A3］的图案，如图 7-39 所示。

㉔ 在库面板中新建［小鸟飞舞］图形元件。

A. 在图层 1 上将［头部］和［棍棍 001］图形元件拖放在舞台上，利用旋转与倾斜命令将［棍棍 001］图形元件旋转一定的角度，如图 7-40 所示。

B. 新建图层 2，将［胳膊 02］图形元件拖放在舞台上，放置在身体左侧，在 17、34 帧处插入关键帧，将 17 帧处的对象向左倾斜一定的角度。在三个关键帧之间右击创建补间动画。

图 7-39　　图 7-40

C. 新建［图层 3］，将［胳膊 02］图形元件拖放在舞台上，放置在身体右侧。然后将图层 3 调整到最底层，依照刚才的步骤制作补间动画，形成胳膊摇摆的动画，如图 7–41 所示。

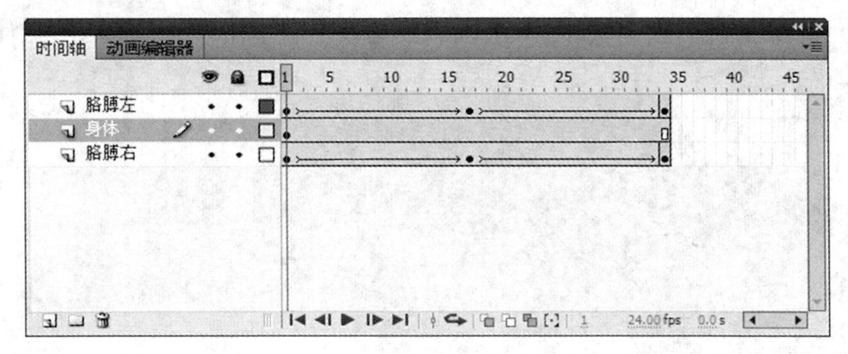

图 7–41

㉕ 新建［小鸟 3 眨眼］图形元件，利用钢笔工具和椭圆工具绘制眨眼的小鸟，将［蝴蝶结］图形元件拖放在小鸟胸部，如图 7–42 所示。

㉖ 新建［四分之三小鸟 3］影片剪辑元件。将［小鸟 3 眨眼］图形元件拖放在舞台上，在第 4 帧插入关键帧，然后利用任意变形工具将第一帧上的图形元件压扁，在时间轴上右击创建补间动画。在第 5、7 帧处插入关键帧，将第 5 帧处的图形适当缩小。在 41 帧处插入关键帧，将第 1 帧处的对象复制到 43 帧，在 41 和 43 帧中间右击创建补间动画。在 44 帧处插入空白关键帧，在 90 帧处插入帧。

㉗ 新建［图层 10］，在 217 帧处插入关键帧，将［四分之三小鸟 3］影片剪辑图形元件拖放到舞台上。在 259 帧处插入帧，在 260 帧处插入空白关键帧。

㉘ 在库面板中将［四分之三小鸟 3］影片剪辑元件直接复制，制作［四分之三小鸟 3］影片剪辑副本。

A. 新建［文字 1］图形元件，利用椭圆和钢笔工具绘制填充颜色为［#FFFFFF］的图案，输入文字［SPRINE?］，如图 7–43 所示。

图 7–42　　图 7–43

B. 新建［小鸟 3 疑惑］图形元件，利用椭圆和钢笔工具绘制［小鸟 3 疑惑］的图案，将［蝴蝶结］图形元件拖放到小鸟胸部，如图 7-44 所示。

C. 在［四分之三小鸟 3］影片剪辑副本中将［小鸟 3 疑惑］图形元件拖放到舞台上，在第 4、5、7、42、45 帧处插入关键帧。利用变形工具将图形元件压扁，如图 7-45 所示。

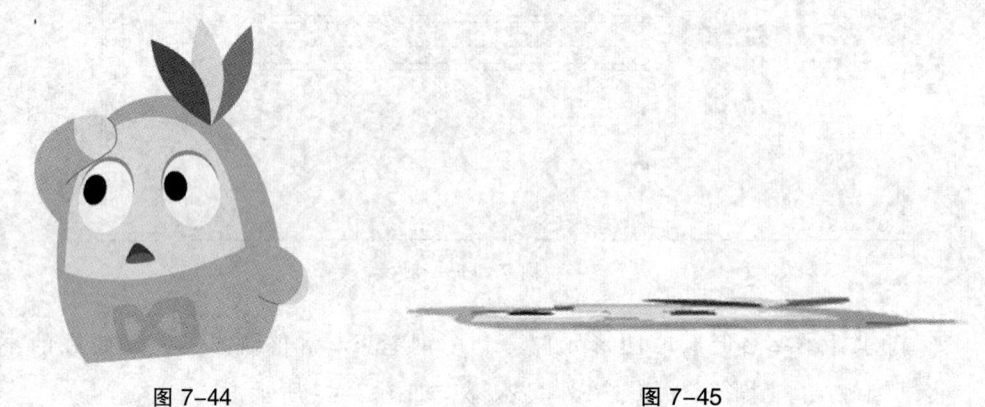

图 7-44　　　　图 7-45

D. 在第 1 帧和第 4 帧间创建补间动画，将第 5 帧处的元件适当缩小高度，在 42 帧处适当提升高度，在 43 帧处缩小高度，将第 1 帧处的对象复制到 46 帧处，在 47 帧处插入空白关键帧，在 96 帧处插入帧。

E. 新建图层，将文字 1 图形元件拖放到舞台上，在第 4、5、7、42、45 帧处插入关键帧。利用变形工具将图形元件压扁。

F. 在第 1、4 帧之间创建补间动画，将第 5 帧处的元件适当缩小高度，在 42 帧处适当提升高度，43 帧处缩小高度，将第 1 帧处的对象复制到 46 帧处，在 47 帧处插入空白关键帧，在 96 帧处插入帧，如图 7-46 所示。

图 7-46

㉛ 在时间轴面板上新建［图层 11］，将［四分之三小鸟 3 副本］影片剪辑元件拖放在舞台左侧，在属性面板中设置像素为 10、角度为 350 度、距离为 6 像素的投影效果。在 227 帧处插入帧，在 228 帧处插入空白关键帧，如图 7–47 所示。

图 7–47

㉜ 新建［图层 12］，在 175 帧处插入关键帧，将［歌词 1］图形元件拖放到舞台上，在 216 帧处插入关键帧。在库面板中将［歌词 1］图形元件直接复制，重命名为［歌词 2］。将［歌词 2］图形元件拖放到舞台上，利用任意变形工具缩小尺寸，稍微倾斜一定的角度，如图 7–48 所示。在［图层 12］的 266 帧处插入空白关键帧。

图 7–48

(3) 制作翻页效果

① 在［图层 9］的 266 帧处插入关键帧，将［彩虹］图形元件删除，将库面板中［歌词 1］和［歌词 2］图形元件拖放到舞台上，在 272 帧处插入空白关键帧，如图7–49 所示。

图 7–49

② 在［图层 10］上的 266 帧处插入关键帧，将彩虹阴影图形元件拖放到舞台左侧，在［图层 11］上的 266 帧处将［彩虹］图形元件拖放到舞台上。选择［图层 10］和［图层11］的 268、270 帧处插入关键帧，将 268 帧处的两个对象适当放大。然后分别在两个图层的关键帧之间创建补间动画。在图层 10 的 271 帧处插入关键帧。

③ 在［图层 11］的 271 帧处插入关键帧，将［图层 10］上的彩虹阴影图形元件复制到当前图层上来，将［彩虹］图形元件也复制到此图层，将［彩虹］图形元件打散，选择左侧部分，调整 Alpha 值为 60%，如图 7–50 所示。

图 7–50

④ 新建［第二内容页左侧底图］图形元件。利用钢笔工具、椭圆工具和直线工具绘制森林和树丛图案，如图 7–51 所示。

⑤ 新建［第二内容页右侧底图］图形元件。利用钢笔工具、椭圆工具绘制大树、树丛，如图 7–52 所示。

图 7–51

图 7–52

⑥ 在［图层 8］的 272 帧处插入关键帧，将［第二内容页左侧］图形元件和［第二内容页右侧底图］图形元件拖放到舞台上，然后成组，如图 7–53 所示。

图 7–53

⑦ 在［图层 11］的 272 帧处插入关键帧，将［第一内容页左侧］图形元件和［歌词 1］、［歌词 2］图形元件拖放到舞台上。

⑧ 在库面板中新建［歌词 1 副本］图形元件，将［歌词 1］图形元件拖放到舞台上，然后将其打散。把圆角矩形删除，绘制填充颜色为［#1FADE9］的矩形图案。时间轴面板如图 7–54 所示。

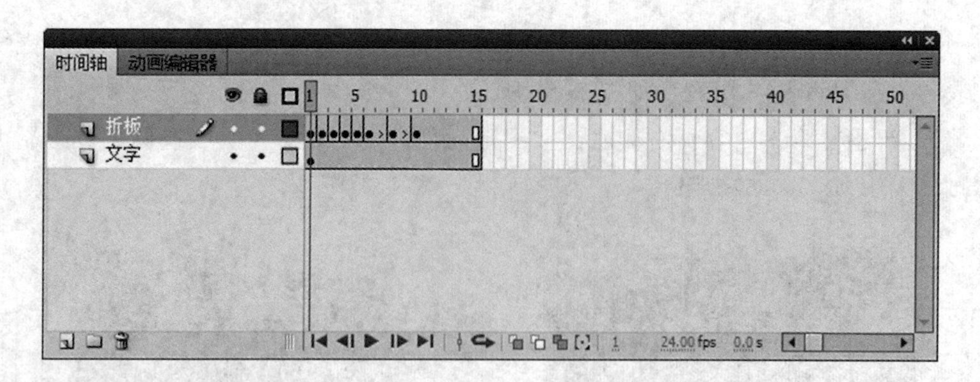

图 7-54

⑨ 在［图层 11］的 278 帧处插入关键帧，将［歌词 1 副本］图形元件拖放在［歌词 2］图形元件处，右击选择［排列］命令下移一层，使之处于［歌词 2］图形元件的后面。在 283 帧处插入关键帧。

⑩ 在［图层 12］的 272 帧处插入关键帧，将［第一内容页底图右侧副本］图形元件复制到当前位置，在 276 帧处插入关键帧，使用任意变形工具调整它的倾斜角度，右击创建补间动画。在 277 帧处插入帧，在 278 帧处插入空白关键帧。

⑪ 新建［图层 14］，在 278 帧处插入关键帧。新建［第二内容页左侧］图形元件。

⑫ 新建［头部 01］图形元件，利用钢笔工具和椭圆工具绘制图案，将［蝴蝶结］图形元件拖放到胸部位置，如图 7-55 所示。

图 7-55

⑬ 根据［小鸟飞舞］图形元件创建［小鸟飞舞副本］图形元件。时间轴面板如图7-56 所示，元件如图 7-57 所示。

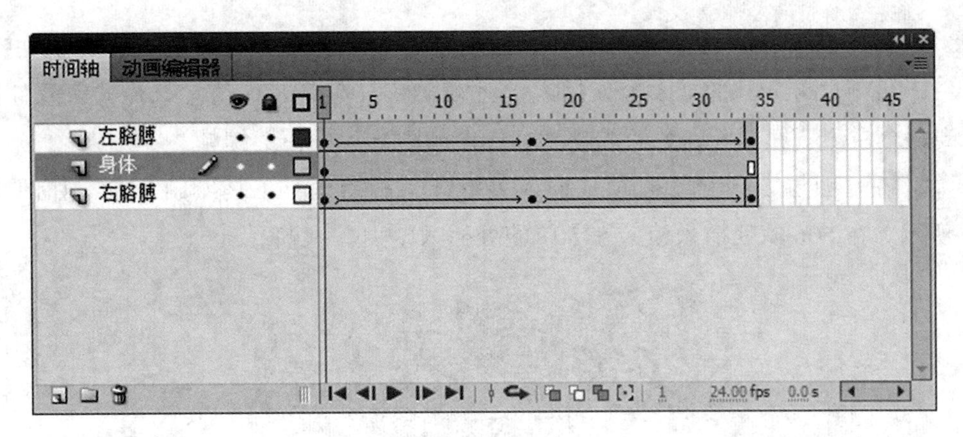

图 7–56

⑭ 创建［小鸟 3 移动］影片剪辑。将［小鸟飞舞］图形元件拖放在第一层，将［小鸟飞舞］图形元件副本拖放到第二层，右击创建补间动画。在 212 帧处将两个对象向右移动，在 340 帧处插入帧。

⑮ 将［小鸟 3 移动］影片剪辑拖放到舞台上，如图 7–58 所示。

图 7–57　　图 7–58

⑯ 新建［图层 14］，在 278、282 帧处插入关键帧，将［第二内容页左侧］图形元件拖放到舞台上，利用任意变形工具将 278 帧处的对象调整大小和倾斜角度。右击创建补间动画，在 283 帧处插入空白关键帧。

2. 设计第二张内容页

(1) 制作动画

① 在［图层 8］的 328 帧处插入关键帧。在［图层 14］的 278、282 帧处插入关键帧，将［第二内容页左侧］图形元件拖放到舞台上，利用任意变形工具将

278 帧处的对象调整倾斜角度和大小，右击创建补间动画。

② 在［图层 9］的 283 帧处插入关键帧，将［小鸟 3 移动］影片剪辑元件拖放到舞台左侧，在 506 帧处插入帧，在 507 帧处插入空白关键帧。

③ 在［图层 10］的 283 帧处插入关键帧，利用钢笔工具绘制长条，如图 7-59 所示。在 506 帧处插入帧，在 507 帧处插入空白关键帧。

图 7-59

④ 在库面板中新建［歌词 3］图形元件。输入文字［春天在那青翠的山林里］，设置字体为［方正准圆简体］，颜色为［#FFFFFF］，大小为 20 点。绘制心形图案，适当旋转角度。

⑤ 新建［图层 15］，在 328、339 帧处插入关键帧，将［歌词 3］图形元件拖放到舞台右侧，将 339 帧处的对象的 Alpha 值设为 0。在 340 帧处插入空白关键帧。

⑥ 在库面板中将［浅蓝色打开］图形元件直接复制，重命名为［浅绿色打开］图形元件。打开［浅绿色打开］图形元件，将填充颜色设置为［#69C840］。

⑦ 在库面板中将［歌词 2］图形元件直接复制，重命名为［歌词 4］图形元件。打开［歌词 4］图形元件，将歌词内容层填充颜色设置为［#285E11］，文字颜色设置为［#FFFF66］，文字内容设置为［这里有红花呀］。在［浅色打开］图层将图形元件替换为［浅绿色打开］图形元件。时间轴面板如图 7-60 所示。

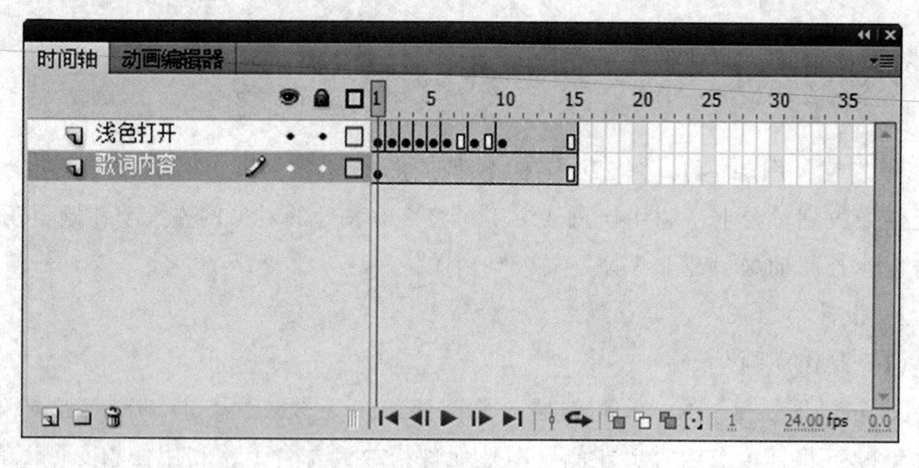

图 7-60

⑧ 新建［图层 16］，在 337 帧处插入关键帧，将［歌词 4］图形元件拖放到舞台左侧上方，适当调整角度。在 496 帧处插入帧，在 497 帧处插入空白关键帧。

⑨ 在库面板中将［歌词 4］图形元件直接复制，重命名为［歌词 5］图形元件。打开［歌词 5］图形元件，将歌词内容层文字内容设置为［这里有绿草］。

⑩ 新建［图层 17］，在 381 帧处插入关键帧。将［歌词 4］图形元件拖放到舞台左侧上方，适当调整大小角度。在 427 帧处插入帧。

⑪ 在库面板中将［浅绿色打开］图形元件直接复制，重命名为［嫩绿打开］图形元件。打开［嫩绿打开］图形元件，将填充颜色设置为［#96E063］，适当调整长度。

⑫ 在库面板中将［歌词 5］图形元件进行复制，重命名为［歌词 6］图形元件。打开［歌词 6］图形元件，将歌词内容层矩形长条拉长，文字内容设置为［还有那会唱歌的小黄鹂］。在浅色打开图层将图形元件替换为［嫩绿打开］图形元件。

⑬ 在［图层 17］的 428 帧处插入关键帧，将［歌词 6］图形元件拖放到舞台右侧，适当调整角度。在 496 帧处插入帧。

⑭ 在［图层 17］的 497 帧处插入关键帧，将［歌词 6］图形元件删除。

⑮ 新建［花 1］影片剪辑元件，利用椭圆工具绘制花朵形状，如图 7–61 所示。

图 7–61

图 7–62

⑯ 在库面板中将［花 1］影片剪辑元件进行复制，重命名为［花 2］，适当调整形状，如图 7–62 所示。

⑰ 新建［花动作 2］图形元件，将［花 2］影片剪辑拖放到舞台上。在属性面板中设置阴影效果，如图 7–63 所示。

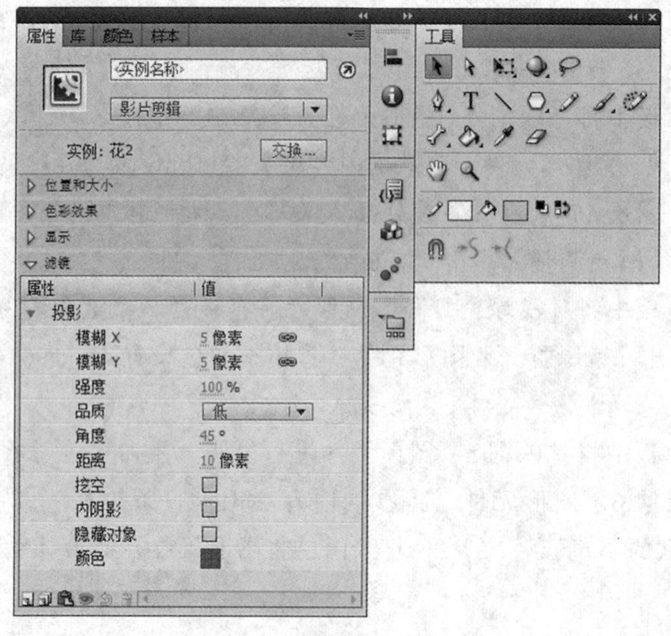

图 7–63

⑱ 在第 5、8 帧处插入关键帧，将对象的大小适当变化，右击创建补间动画。在第 12 帧插入帧，然后在 13、19、25、31、37、43、49、55、62 等每隔 6 帧创建关键帧，将对象的角度进行旋转，然后在每个关键帧之间创建补间动画。

⑲ 在［图层 12］插入关键帧，将［花动作］图形元件拖放到舞台上。在 496 帧处插入帧。

⑳ 在库面板中将［花动作 2］图形元件复制，重命名为［花动作 1］。打开［花动作 2］图形元件，将对象替换为［花 1］影片剪辑。

㉑ 在［图层 11］的 336 帧处插入关键帧。将［花动作 1］图形元件拖放到舞台上，在 496 帧处插入帧，在 497 帧处插入空白关键帧。

㉒ 在［图层 14］的 339 帧处插入关键帧，将［花动作 2］图形元件拖放到舞台上，适当缩小大小。在 496 帧处插入帧，在 497 帧处插入空白关键帧。

㉓ 新建［小鸟 4］图形元件，如图 7–64 所示。

图 7–64

㉔ 新建［小鸟 4 动作］图形元件。将［小鸟 4］图形元件拖放到舞台上，在 18、36 帧处插入关键帧，将 18 帧处的对象旋转角度，然后创建补间动画，时间轴面板如图7–65 所示。

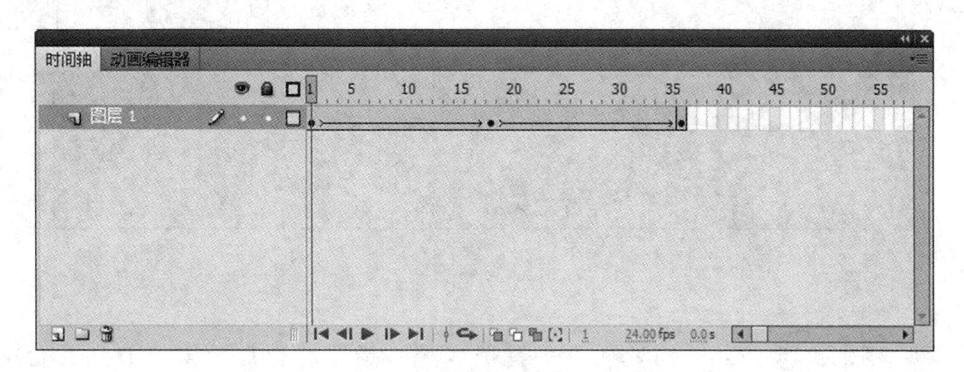

图 7–65

㉕ 在［图层 15］的 420 帧处插入关键帧，将［小鸟 4 动作］图形元件拖放到舞台右侧，在 424 帧处插入关键帧，将对象向左移动一定的位置，右击创建补间动画。在 496 帧处插入帧，在 497 帧处插入空白关键帧。

㉖ 新建［图层 18］，在 420 帧处插入关键帧，将［第二内容页右侧底图］截取一部分图形，然后成组，如图 7–66 所示。

㉗ 新建［音符］影片剪辑元件，在舞台上利用钢笔工具绘制两个音符。如图 7–67 所示。

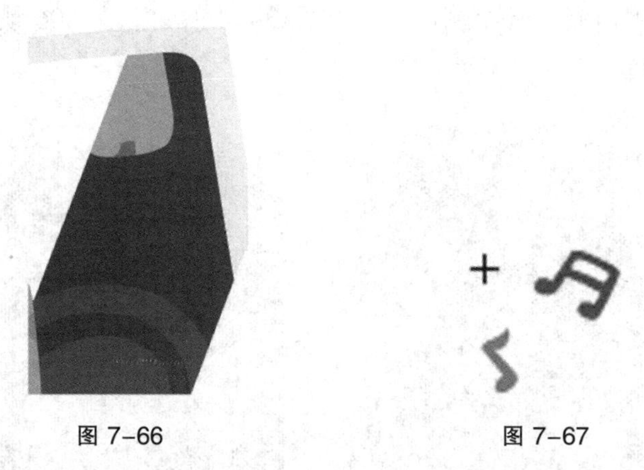

图 7–66　　图 7–67

㉘ 在第 9 帧处插入关键帧，将两个音符的位置适当调整。在 16 帧插入帧。时间轴面板如图 7–68 所示。

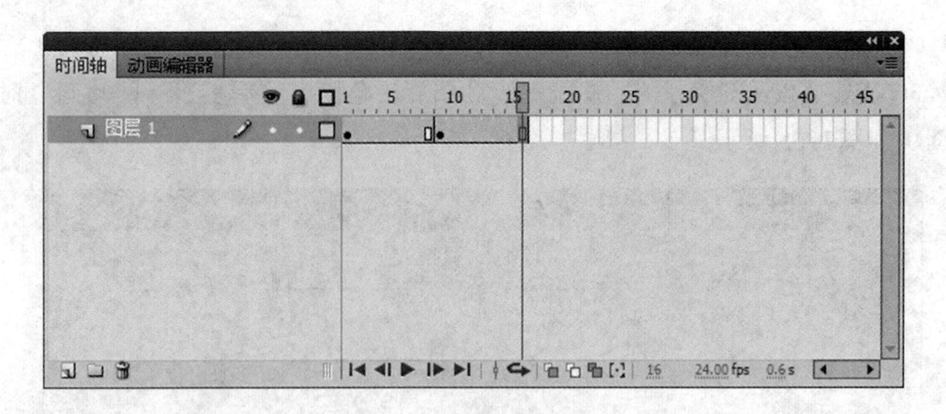

图 7–68

㉙ 在图层 18 的 429 帧处插入关键帧，将［音符］影片剪辑拖放到舞台上。在496 帧处插入帧，在 497 帧处插入空白关键帧。

(2) 制作第二页翻页效果

① 在［图层 3］的 487 帧处插入关键帧，将［第二内容页左侧底图］和［第二内容页右侧底图］图形元件复制到舞台上，然后成组。在 506 帧处插入帧，在 507 帧处插入空白关键帧。

② 新建［第三内容页底图］图形元件，利用钢笔工具绘制如图 7–69 所示的图形。

③ 在［图层 5］的 487 帧处插入关键帧，将［第三内容页底图］图形元件拖放到舞台上，使用钢笔工具绘制阴影，如图 7–70 所示。在 506 帧插入帧，在 507 帧插入空白关键帧。

图 7–69

图 7–70

④ 在［图层 17］的 497 帧处插入关键帧，将［歌词 4］和［歌词 5］元件拖

放到舞台上。在 506 帧插入帧，在 507 帧插入空白关键帧。

⑤ 在库面板中新建［花 3］影片剪辑，利用钢笔工具绘制花朵造型，如图 7–71 所示。然后将［棍棍 1］元件拖放到舞台上，与花 3 进行组合，如图 7–72 所示。

⑥ 在库面板中新建［第三内容页左侧］图形元件，如图 7–73 所示。

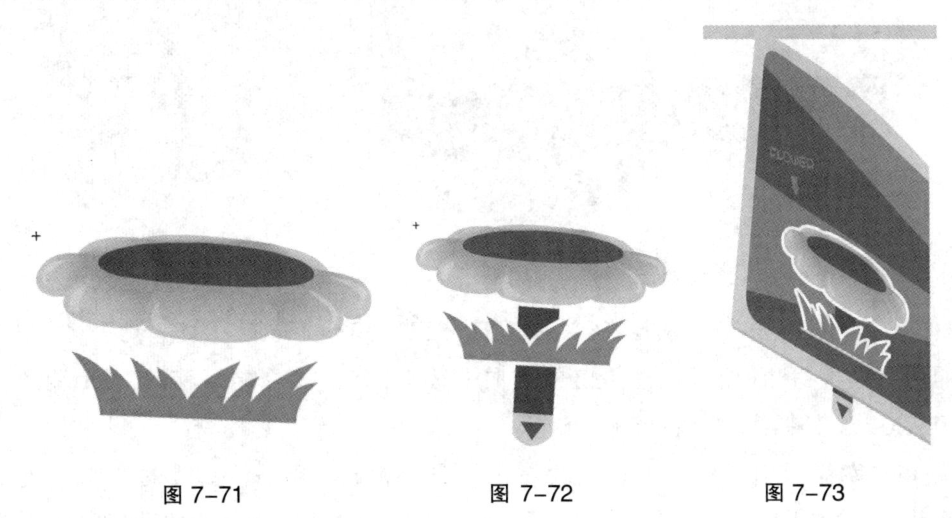

图 7–71　　图 7–72　　图 7–73

⑦ 在［图层 11］的 503、507 帧处插入关键帧，拖动［第三内容页左侧］图形元件到舞台上，将 503 帧处的对象调整倾斜比例。右击创建补间动画。在 508 帧处插入空白关键帧。

⑧ 在［图层 12］的 497、501 帧处插入关键帧，将［第二内容页右侧］图形元件拖放到舞台上，利用任意变形工具在 501 帧处调整倾斜比例。在 502 帧处插入帧，在 503 帧处插入空白关键帧。

3. 设计第三张内容页

(1) 动画制作

① 在［图层 3］的 508 帧处插入关键帧，将［图层 11］上 507 帧处的［第三内容页左侧］图形元件复制过来，然后在［图层 3］的 948 帧处插入帧。

② 在［图层 5］的 508 帧处插入关键帧，将［花 3］影片剪辑拖放到舞台上，然后在 520 帧处插入关键帧。

③ 在［图层 8］的 508 帧处插入关键帧，使用钢笔工具绘制遮挡物，然后成组，如图 7–74 所示。在 958 帧处插入帧。

④ 在库面板中创建［小鸟唱歌］影片剪辑，将［头部 01］图形元件拖放到舞台上，然后按［Ctrl+B］组合键将其打散进行局部修改，绘制如图 7–75 所示的图案。在［图层 16］的 515、520 帧处插入关键帧，将［小鸟唱歌］影片剪辑拖

放到舞台上，将515帧处的对象向上移动到舞台上方，右击创建补间动画。

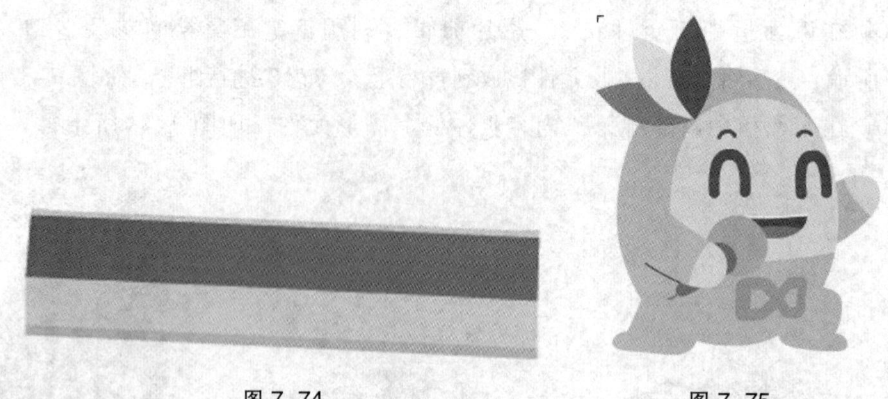

图 7–74　　　　　　　　　　　　图 7–75

⑤ 在［图层 5］、［图层 16］的 521、522、523 帧处插入关键帧，将 521 帧处的两个对象适当向下移动，522 帧处向上移动，523 帧处向下移动，531 帧处插入帧，532 帧处插入空白关键帧。

⑥ 在库面板中新建［小鸟唱歌静止］图形元件，将［小鸟唱歌］和［花 3］影片剪辑拖放到舞台上，然后成组。在库面板上新建［小鸟唱歌摇动］图形元件，将小鸟唱歌静止形元件拖放到舞台上，在 10、20、30、40 帧处插入关键帧，将对象调整角度，然后创建补间动画，时间轴面板如图 7–76 所示。新建音符图层，将音符影片剪辑拖放到舞台上，设置投影属性，如图 7–77 所示。

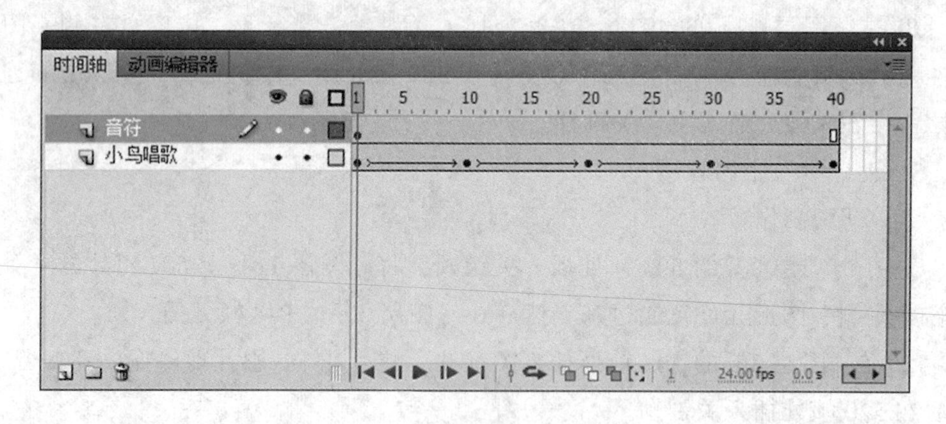

图 7–76

⑦ 在［图层 5］上方新建［图层 19］，在 532 帧处插入关键帧，将［小鸟唱歌摇动］图形元件拖放到舞台上，在 958 帧处插入帧，在 959 帧处插入空白关键帧。

⑧ 在库面板中新建［歌词 7 文字］图形元件，如图 7–78 所示。

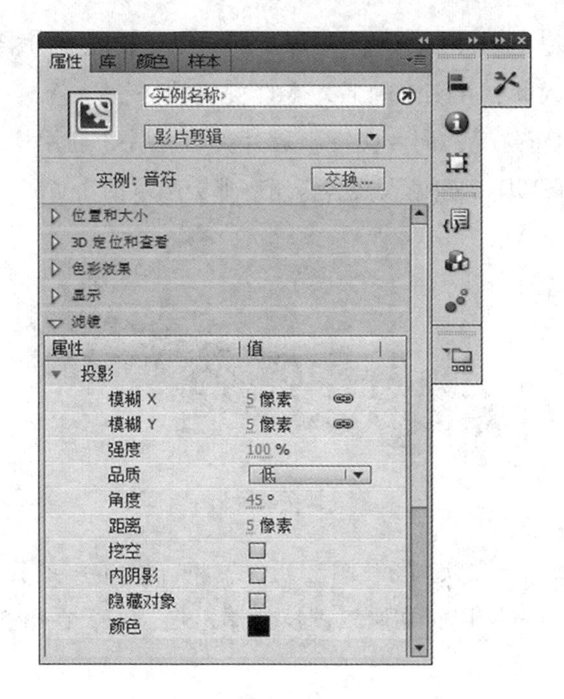

图 7–77

图 7–78

⑨ 在库面板中新建［歌词 7］图形元件，将［歌词 7 文字］图形元件拖放到舞台上，新建遮罩图层，在遮罩图层绘制矩形长条，在第 5 帧创建关键帧，创建形状补间动画，时间轴面板如图 7–79 所示。

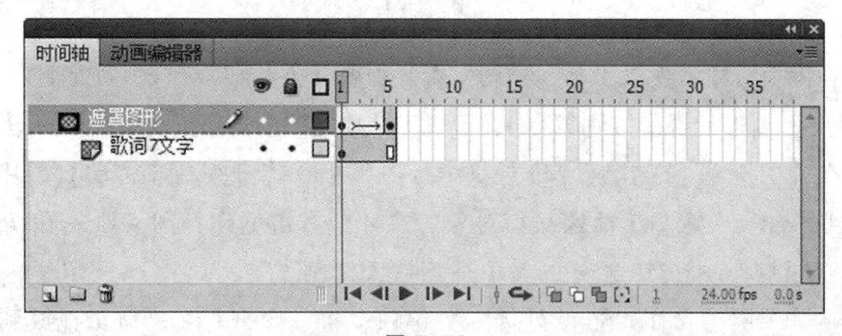

图 7–79

⑩ 在［图层16］的948帧处插入关键帧。将［歌词7］图形元件拖放到舞台上，在948帧处插入帧，在949帧插入空白关键帧。

⑪ 在库面板中新建［歌词8文字］影片剪辑元件，利用矩形工具绘制圆角矩形，钢笔工具绘制修饰图案，输入文字［还有那会唱歌的小黄鹂］，如图7-80所示。

图 7-80

⑫ 在库面板中新建［歌词8］图形元件，将［歌词8文字］影片剪辑元件拖放到舞台上，新建遮罩图层，在遮罩图层绘制矩形长条，在第5帧处创建关键帧，创建形状补间动画。

⑬ 在［图层17］的745帧处插入关键帧。将［歌词8］图形元件拖放到舞台上，在948帧处插入帧，在949帧插入空白关键帧。

⑭ 在库面板中新建［小鸟5］图形元件，将［小鸟2］影片剪辑元件拖放到舞台上，调整颜色如图7-81所示。

图 7-81

⑮ 在库面板中新建［小鸟5移动］影片剪辑元件，在17、33帧处插入关键帧，将［小鸟5］图形元件拖放到舞台上，调整17帧处的小鸟角度，创建补间动画。

⑯ 在［图层9］的745、749帧处插入关键帧，将［小鸟5移动］影片剪辑元件拖放到舞台上，在745帧处缩小对象的尺寸，右击创建补间动画。在750、752帧处插入关键帧，将750帧处的对象适当放大比例。

⑰ 在［图层10］的755帧处插入关键帧，将［音符］影片剪辑拖放到舞台上合适位置。

(2) 制作翻页效果

① 在［图层 4］的 949 帧处插入关键帧，将［图层 5］的 109 帧处的对象复制过来，在959 帧处插入帧，在 960 帧处插入空白关键帧。

② 在［图层 3］的 949 帧处插入关键帧，将［图层 11］的 503 帧处的对象复制过来，将［花 3］影片剪辑删除。在 959 帧处插入帧，在 960 帧处插入空白关键帧，如图7-82 所示。

③ 在库面板中新建［第三内容页右侧］图形元件。将［第三内容页右侧底图］拖放到舞台上，如图 7-83 所示。

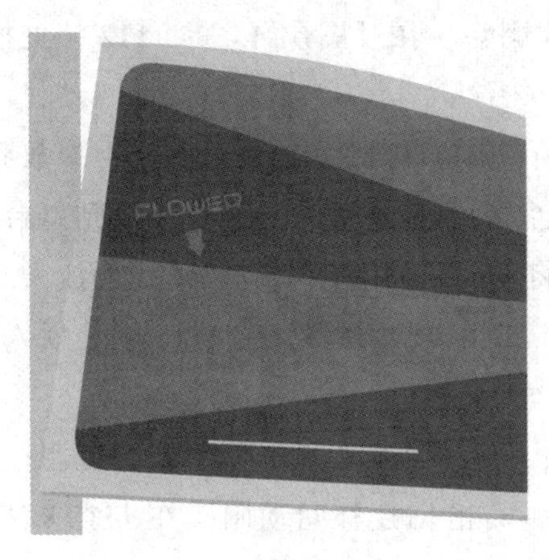

图 7-82

图 7-83

④ 在［图层 5］的 949 帧处插入关键帧，将［第三内容页右侧］图形元件拖放到舞台上，953 帧处插入关键帧，使用任意变形工具调整倾斜角度，右击创建补间动画。在 954 帧处插入帧，在 955 帧处插入空白关键帧。

⑤ 在库面板中新建［第四内容页左侧］图形元件，将［第一内容页左侧］图形元件拖放到舞台上，然后调整倾斜角度，如图 7-84 所示。

图 7-84

⑥ 在［图层 16］的 955 帧处插入关键帧，将［第四内容页左侧］图形元件拖放到舞台上，在 959 帧处插入关键帧，右击创建补间动画。在 960 帧处插入空白关键帧。

3. 第四张内容页设计

（1）制作动画

① 在［图层 5］的 960 帧处插入关键帧，将［第四内容页左侧］和［第一内容页右侧副本］图形元件拖放到舞台上，将两个对象成组。在 961 帧处插入关键帧。

② 将［图层 5］的 960 帧处的对象复制到［图层 4］的 961 帧处，然后取消组合。在 962 帧处将［钟摆小鸟］图形元件删除。在［图层 4］的 1112 帧处插入帧，在 1113 帧处插入空白关键帧。

③ 在［图层 3］的 962 帧处插入关键帧，将［彩虹阴影］图形元件拖放到舞台上，在［图层 5］的 962 帧处插入关键帧，将［彩虹］图形元件拖放到舞台上。在两个图层的 964、966 帧处插入关键帧，将 964 帧处的两个对象的比例放大。右击创建补间动画，形成闪动效果。在［图层 3］和［图层 5］的 1112 帧处插入帧，在 1113 帧处插入空白关键帧。

④ 在［图层 8］的 962 帧处插入关键帧，将［钟摆小鸟］图形元件复制过来，在1112 帧处插入关键帧，将对象向右移动，右击创建补间动画。在 1113 帧插入空白关键帧。

⑤ 在［图层 9］的 962 帧插入关键帧，绘制如图 7–85 所示的遮挡物，然后成组。在 1112 帧处插入帧。

图 7–85

⑥ 在［图层 11］的 1022 帧处插入关键帧，将［四分之三小鸟 3 副本］图形元件拖放到舞台上，在 1074 帧处插入帧，在 1075 帧处插入空白关键帧。

⑦ 在［图层 12］的 1022 帧处插入关键帧，将［歌词 1］拖放到舞台上，在 1063 帧处插入关键帧，将［歌词 2］也拖放到舞台上。

⑧ 在［图层 10］的 1064 帧处插入关键帧，将［四分之三小鸟 3］图形元件拖放到舞台上，在 1106 帧处插入帧，1107 帧处插入空白关键帧。

⑨ 将［图层 8］上 1112 帧处的对象复制到［图层 9］的 1113 帧处。在 1118

帧处插入帧，在 1119 帧处插入空白关键帧。

⑩ 在［图层 10］和［图层 11］的 1113 帧处插入关键帧，将［图层 3］和［图层 5］的 962、964、966 帧处的［彩虹阴影］和［彩虹］图形元件复制过来，创建补间动画。

⑪ 在［图层 10］的 1118 帧处插入空白关键帧，在［图层 11］的 1118 和 1119 帧处的彩虹对象依次缩小，在 1124 帧处插入帧。

（2）制作翻页效果

① 在［图层 8］的 1119 帧处插入关键帧，将［小鸟 4］图形元件拖放到舞台右侧。在库面板中新建［小鸭子倒影］影片剪辑，如图 7-86 所示。

图 7-86

② 在库面板中新建［歌词 9］图形元件，输入文字内容［春天在那湖水的倒影里］，颜色为白色，将其复制之后选择垂直翻转，在属性中设置 Alpha 值为 40%，如图 7-87 所示。

图 7-87

③ 在［图层 8］的 1119 帧处插入关键帧，在库面板中将［第二内容页左侧底图］和［第二内容页右侧底图］分别复制，创建［第五内容页左侧］和［第五内容页右侧］图形元件。将两个图形元件以及［歌词 9］、［小鸭子倒影］影片剪辑拖放到舞台上，将树干删除。制作第五页底图如图 7-88 所示。在 1129 帧处插入帧，在1130 帧处插入空白关键帧。

图 7-88

5. 设计第五张内容页

(1) 制作动画

① 在［图层 4］的 1130 帧处插入关键帧，将［图层 8］的 1119 帧处的对象复制过来，把［小鸭子倒影］影片剪辑和［小鸟 4］图形元件删除，在 1334 帧处插入帧。

② 在［图层 3］的 1130 帧处插入关键帧，将［歌词 9］拖放到舞台上，在 1166 帧处插入帧，在 1167、1173 帧处插入关键帧，将 1173 帧处的对象 Alpha 属性设为0，右击创建补间动画，制作渐隐效果。

③ 新建［小鸭子加棍 1］影片剪辑，如图 7-89 所示复制该元件，将元件类型改为图形元件，名为［小鸭子加棍 2］，设置 5 像素的投影，如图 7-90 所示。

④ 在［图层 16］的 1130 帧处插入关键帧，将［小鸭子加棍 2］图形元件拖放到舞台上，在［图层 9］将［小鸭子倒影］影片剪辑拖放到舞台上，将 Alpha 属性设为30%，将小鸭子垂直翻转，调整两个对象的距离。在［图层 9］和［图层 16］的 1321 帧处插入关键帧，将对象向左移动一定的位置，创建补间动画。

⑤ 在［图层 17］的 1130 帧处插入关键帧，绘制如图 7-91 所示的 4 层遮挡物，然后成组。

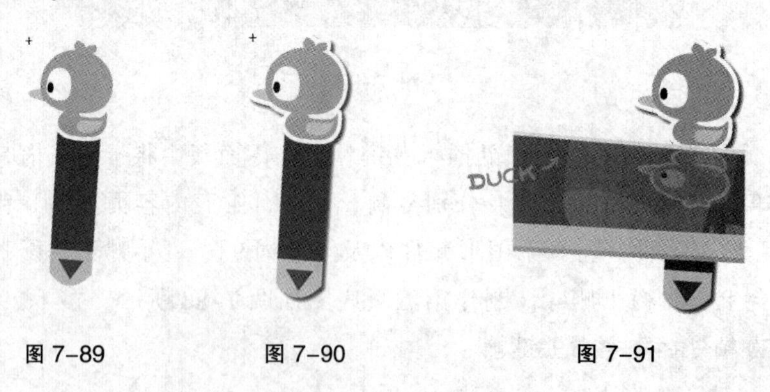

图 7-89　　图 7-90　　图 7-91

⑥ 在［图层 10］的 1130 帧处插入关键帧，将［小鸟 4］图形元件复制放到舞台上，然后将第五内容页右侧裁剪部分区域，然后成组，放置在［小鸟 4］图形元件上方。在 1334 帧处插入帧，在 1335 帧处插入空白关键帧。

⑦ 将［歌词 4］图形元件复制，重命名为［歌词 10］，将歌词内容修改为［映出红的花呀］。在［图层 15］的 1182 帧处插入关键帧，将［歌词 10］图形元件拖放到舞台上，在 1345 帧处插入帧。

⑧ 将［歌词 10］图形元件复制，重命名为［歌词 11］，将歌词内容修改为［映出绿的草］。在［图层 18］的 1224 帧处插入关键帧，将［歌词 11］图形元件拖放到舞台上，在 1345 帧处插入帧。

⑨ 在库面板中新建［歌词 12 文字］图形元件，绘制颜色为［#47A6BC］的圆角矩形，输入文字［还有那会唱歌的小黄鹂］，白色，汉仪准圆简体，30 点。

⑩ 在库面板中新建［歌词 12］图形元件，将［歌词 12 文字］图形元件拖放到舞台上，复制到一个新的图层上，垂直翻转。在两个图层的 7、19 帧处插入关键帧。将第 1 帧的两个对象 Alpha 值设为 0，第 7 帧处的 Alpha 值设为 100，在第 19 帧处将两个对象分别偏移适当的位置。创建补间动画。时间轴如图 7–92 所示。

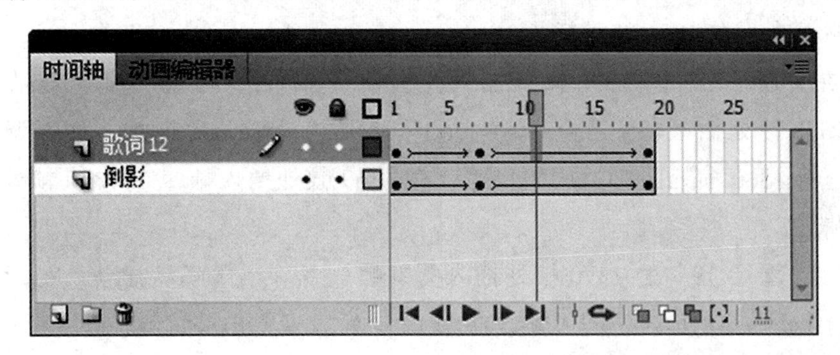

图 7–92

⑪ 在［图层 20］的 1264 帧处插入关键帧，将［歌词 12］图形元件拖放到舞台上，在 1334 帧处插入帧，在 1335 帧处插入空白关键帧。

⑫ 在［图层 11］的 1184 帧处插入关键帧，将［花动作 1］图形元件拖放到舞台上，然后复制一份适当缩小尺寸，调整 Alpha 值设为 50%。在 1334 帧处插入帧。

⑬ 在［图层 12］的 1188 帧处插入关键帧，将［图层 11］的 1184 帧处的对象复制一份，在 1334 帧处插入帧，在 1335 帧处插入空白关键帧。

⑭ 在［图层 14］的 1190 帧处插入关键帧，将［图层 11］的 1184 帧处的对象复制一份，在 1334 帧处插入帧，在 1335 帧处插入空白关键帧。

(2) 制作翻页效果

① 在库面板中［将第三内容页左侧］图形元件直接复制，重命名为［第六内容页左侧］，将［花 3］删除。然后把［第三内容页右侧底图］直接复制，重命名为[第六内容页右侧底图]。

② 在［图层 4］的 1335 帧处插入关键帧，将［第六内容页左侧］图形元件和[第六内容页右侧底图］图形元件拖放到舞台上调整位置，然后成组。在 1345 帧处插入帧，1346 帧处插入空白关键帧。

③ 在［图层 3］的 1335 帧处插入关键帧，将［第五内容页左侧］图形元件拖放到舞台上，将小鸭子删除，在 1345 帧处插入帧。

④ 在［图层 5］的 1335 帧处插入关键帧，将［第五内容页右侧］图形元件复制到舞台上，在 1339 帧处插入关键帧，使用任意变形工具调整倾斜角度，创建补间动画。在 1340 帧处插入帧，在 1341 帧处插入空白关键帧。

6. 第六张内容页设计

(1) 制作动画

① 在［图层 3］的 1346 帧处插入关键帧，将［图层 4］的 1335 帧处的对象复制粘贴过来，在 1806 帧处插入帧。

② 在［图层 5］的 1346 帧处插入关键帧，将［花 3］影片剪辑拖放到舞台上，在1358 帧处插入帧。在 1359、1360、1361 帧处插入关键帧，适当调整对象的大小，将 1360 帧处的对象放大尺寸。在 1369 帧处插入帧，在 1370 帧处插入空白关键帧。

③ 在［图层 19］的 1370 帧处插入关键帧，将［小鸟唱歌摇动］图形元件拖放到舞台上。在 1816 帧处插入帧，在 1817 帧处插入空白关键帧。

④ 在［图层 8］的 1346 帧处插入关键帧，将［图层 8］的 508 帧处的遮挡物复制粘贴过来，在 1816 帧处插入帧，在 1817 帧处插入空白关键帧。

⑤ 在［图层 16］的 1353 帧处插入关键帧，将［小鸟唱歌］影片剪辑拖放到舞台上，在 1358 帧处插入关键帧，降低对象的位置，创建补间动画。

⑥ 在［图层 16］的 1359、1360、1360 帧处插入关键帧，适当调整对象的位置，在 1369 帧处插入帧，在 1370 帧处插入空白关键帧。

⑦ 在库面板中将［歌词 8］图形元件直接复制，重命名为［歌词 13］，将图形打散，右上角图形部分删除，然后把歌词内容修改为［春天在湖水的倒影里］。

⑧ 在［图层 16］的 1499 帧处插入关键帧，将［歌词 13］图形元件拖放到舞台上，使用变形工具调整倾斜角度。在 1806 帧处插入帧，在 1807 帧处插入空白关键帧。

⑨ 在［图层 17］的 1583 帧处插入关键帧，将［歌词 8］图形元件拖放到舞台上，在 1806 帧处插入帧，在 1807 帧处插入空白关键帧。

⑩ 在［图层 9］的 1583、1587 帧处插入关键帧，将［小鸟 5 移动］影片剪辑拖放到舞台上，设置 5 像素的投影效果。将 1583 帧处的对象缩小比例，在 1588、1590 帧处插入关键帧，将 1588 帧处的对象适当放大。在 1806 帧处插入帧，在 1807 帧处插入空白关键帧。

⑪ 在［图层 10］的 1593 帧处插入关键帧，将［音符］影片剪辑拖放到舞台上小鸟头部附近，在 1806 帧处插入帧，在 1807 帧处插入空白关键帧。

（2）制作翻页效果

① 在库面板中将［第五内容页左侧］和［第五内容页右侧］图形元件直接复制，重命名为［第七内容页左侧］和［第七内容页右侧］图形元件。

② 在［图层 4］的 1807 帧处插入关键帧，将［第七内容页左侧］和［第七内容页右侧］图形元件拖放到舞台上，将［头部副本］以及［棍棍］元件拖放到舞台上，旋转一定的角度，然后成组。

③ 在［图层 3］的 1807 帧处插入关键帧，将第六内容页的右侧部分删除，在 1816 帧处插入帧，在 1817 帧处插入空白关键帧。

④ 在［图层 11］的 1807 帧处插入关键帧，将第六内容页的左侧部分删除，在 1811 帧处插入关键帧，使用任意变形工具调整倾斜角度，创建补间动画。在 1812 帧处插入帧，在 1813 帧处插入空白关键帧。

⑤ 在［图层 10］的 1813 帧处插入关键帧，将［第五内容页左侧］图形元件拖放到舞台上，在 1814、1817 帧处插入关键帧，调整对象的大小和倾斜角度，创建补间动画。在 1817 帧处插入空白关键帧。

7. 设计第七张内容页

（1）制作动画

① 在库面板中将［小鸭子加棍 2］图形元件直接复制，重命名为［小鸭子加棍3］影片剪辑，将对象进行左右翻转。

② 在库面板中新建［小鸭子加棍 3 移动］影片剪辑，将［小鸭子加棍 3］影片剪辑拖放到舞台上，在 180 帧处插入关键帧，向右移动对象的位置，创建补间动画。在 336 帧处插入帧。

③ 在［图层 4］的 1818 处插入关键帧，将［小鸭子加棍 3 移动］影片剪辑拖放到舞台上，在 1933 帧处插入帧。

（2）制作翻页效果

① 在［图层 4］的 1934 帧处插入关键帧，将［封底］图形元件拖放到舞台

上。

② 在［图层 3］的 1934 帧处插入关键帧，将［图层 4］的 1818 处插入关键帧上的对象复制粘贴过来，将右侧内容删除，在 1944 帧处插入帧，在 1945 帧处插入空白关键帧。

③ 在［图层 19］的 1934、1935、1936、1938 帧处插入关键帧，将［第七内容页右侧 2］图形元件调整倾斜角度，右击创建补间动画。在 1939 帧处插入帧，在 1940 帧处插入空白关键帧。

④ 在［图层 5］的 1940 帧处插入关键帧，将［封底图案］图形元件拖放到舞台上，在 1944 帧处插入关键帧，调整倾斜角度，创建补间动画。在 1945 帧处插入空白关键帧。

子项目三：片尾动画制作

项目目标：

熟练应用钢笔工具、椭圆工具绘制所需图形，掌握脚本的设置，制作片尾动画。

项目要求：

熟练掌握元件的新建和复制，制作补间动画，掌握影片输出的方法。

项目实训步骤：

1. 制作元件

(1) 在库面板中新建［封底图案］图形元件，利用钢笔工具绘制如图 7–93 所示的图案。

(2) 新建图层［左侧］，绘制如图 7–94 所示的图案。在 56 帧处插入帧。

图 7–93

图 7–94

(3) 新建图层［右侧］，如图 7–95 所示。在 12 帧处插入关键帧，将左侧棕色色块向右拉伸。

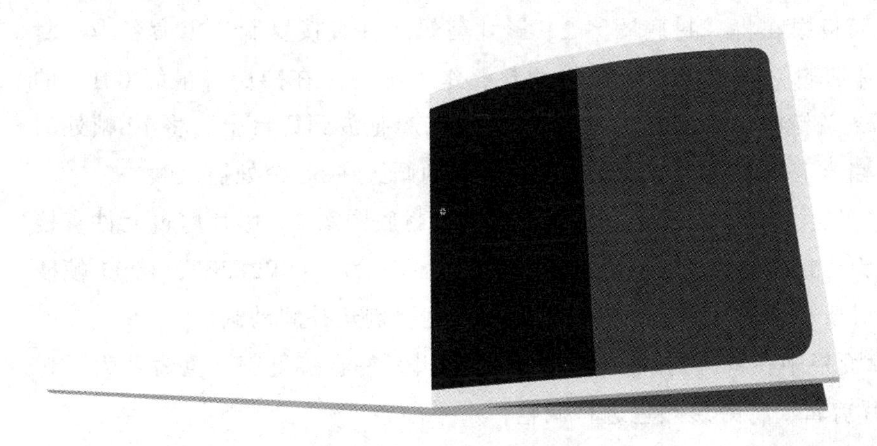

图 7–95

(4) 新建图层［完字右］，利用椭圆工具绘制正圆，复制一份缩小为原图的 80%，新建图层［字］，输入文字［完］和［end］，然后将文字复制粘贴在图层［完字右］。将文字打散，然后把左侧部分剪切，将剩余部分成组。

(5) 新建图层［完字左］，将文字复制粘贴在图层［完字左］，将文字打散，然后把右侧部分剪切，将剩余部分成组。如图 7–96 所示。

(6) 在两个图层的 19、26 帧处插入关键帧，将 26 帧处的对象向左移动，创建补间动画。在两个图层的 56 帧处插入帧。

(7) 在库面板中新建［封底图案 2］影片剪辑元件，利用椭圆工具绘制圆角矩形，颜色为［#832C2C］，然后将左侧部分删除，利用任意变形工具调整倾斜角度，绘制如图 7–97 所示的图形。

图 7–96

图 7–97

（8）新建图层［最终001］，将［封底图案2］影片剪辑元件拖放到舞台上，在11帧处插入关键帧，利用任意变形工具调整倾斜角度，创建补间动画。

（9）在库面板中在将［封底图案2］影片剪辑元件直接复制，重命名为［封底图案3］影片剪辑，将图形颜色进行调整，水平翻转。在图层［最终001］的12、21帧处插入关键帧，将［封底图案3］影片剪辑拖放到舞台上，将12帧处的对象利用任意变形工具调整倾斜角度，创建补间动画。在56帧处插入帧。

（10）新建图层［结束002］，在库面板中将［封底图案2］影片剪辑元件直接复制，重命名为［封底图案4］影片剪辑，将颜色调整为［#BB2F2F］，在11帧插入关键帧，将对象利用任意变形工具调整倾斜角度，创建补间动画。

（11）在库面板中在将［封底图案4］影片剪辑元件直接复制，重命名为［封底图案5］影片剪辑，将图形颜色进行调整，水平翻转。

（12）在图层［结束002］的12、21帧处插入关键帧，将［封底图案5］影片剪辑拖放到舞台上，将12帧处的对象利用任意变形工具调整倾斜角度，创建补间动画。在56帧处插入帧。

（13）在库面板中新建［闪光］图形元件，在26帧处插入关键帧，在库面板中新建［闪光］图形元件，利用椭圆工具绘制多个相交的白色圆形，将这些圆形成组。

（14）新建图层［闪光］，在26、29帧处插入关键帧，将［闪光］图形元件拖放到舞台上，将29帧处的对象Alpha属性值设为0，创建补间动画，在30帧处插入空白关键帧，形成闪烁效果。时间轴如图7-98所示。

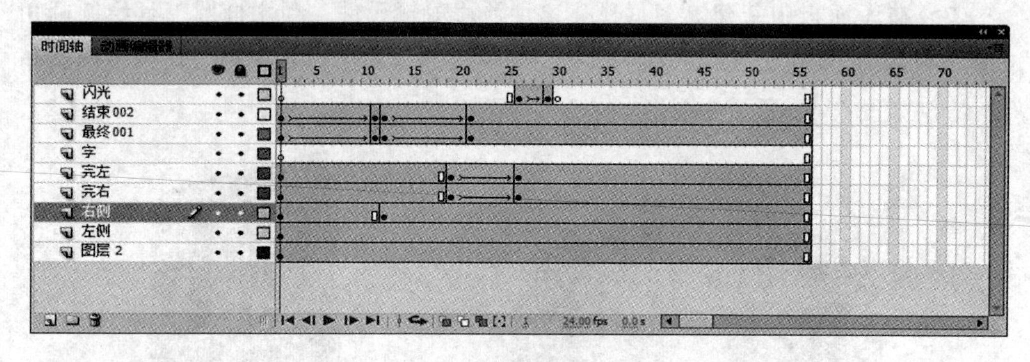

图7-98

2. 制作动画

（1）在［图层3］的1950帧处插入关键帧，将［封底］影片剪辑元件拖放到舞台上，在1996帧处插入帧。

（2）在［图层5］的1996帧处插入脚本代码控制影片结束，如图7-99所示。设置好动作脚本后，关闭［动作］面板，在［图层 5］的 1996 帧上显示出一个标记［a］。

（3）按［Ctrl+Enter］组合键播放动画，观察动画如图 7-100 所示，生成.swf 文件，选择［文件>发布设置］，设置播放器为 Flash Player 9.0，脚本为 ActionScript 3.0，点击［发布］按钮进行输出，儿歌短片制作完成。

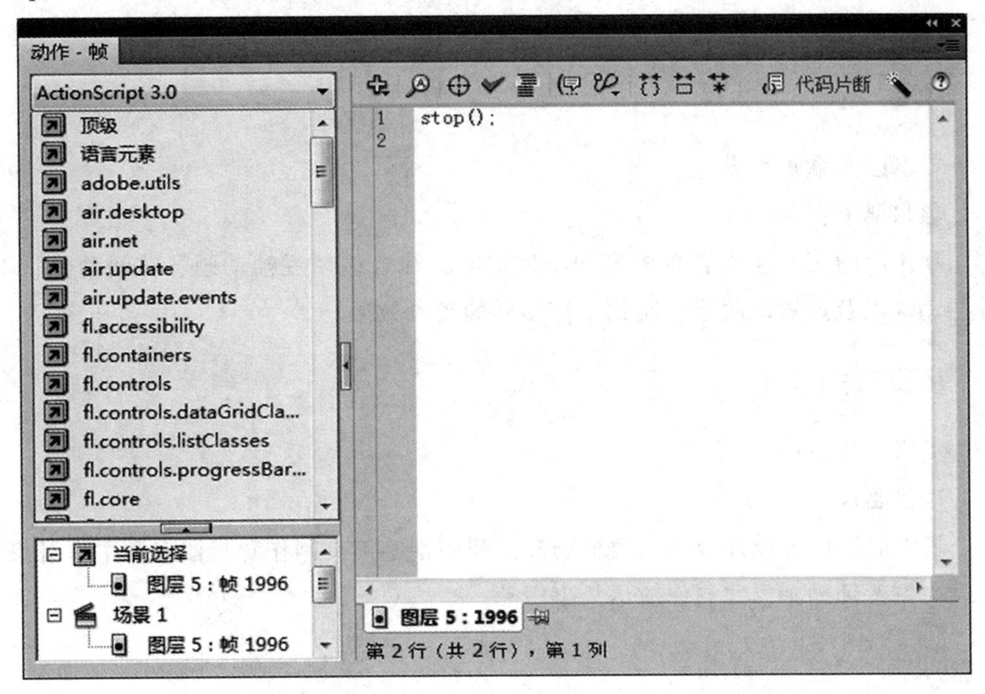

图 7-99

图 7-100

第三节　项目拓展

项目一：

粉刷匠儿歌短片设计

项目要求：

利用绘图工具制作背景图案和主体对象，综合应用逐帧动画、补间动画、引导层动画以及遮罩动画形式制作丰富多样的动画效果。

项目二：

成语短片设计

项目要求：

根据成语内容设计恰当的故事场景，利用钢笔工具制作背景图案和主体对象，综合应用各种动画形式制作成语故事短片。

后 记

沁透着青岛市动漫创意产业协会心血的数字媒体职业教育系列教材，经过艰辛的编撰工作后，终于要付梓出版了，不论对一个行业协会，还是职业院校培养人才来说，应该都是一件很大的喜事！好事！因为这套图书，不仅影响着职业院校学生的技术学成，而且也可以促进一个行业产业的健康发展。

在数字媒体人才，特别是影视及动漫人才极度缺乏的背景下，企业求贤若渴的眼神，职业院校发自肺腑的培养适合企业使用的应用型人才的精神，无不激励着众多专家去探求数字媒体应用型人才的培养方案。

这套图书成功出版，凝聚着文化企业和职业院校共同的心血，也凝聚着每一位编者的心血。两年多来几易其稿，大家为了图书的结构、编写的案例会争得面红耳赤，但最终保质保量地完成了案例式应用型教材的编写。

在即将付梓之际，有太多要感谢的人，首先离不开协会历届领导的支持，各参编院校领导的支持，各文化、传媒企业领导的支持，他们无私提供了商业案例，在此一并报以最诚挚的感谢！

感谢各位参编老师及其家人的大力支持与无私的奉献！

最后感谢为这套系列丛书付出劳动的所有人员，有了大家共同的努力，成就了数字媒体职业技能型人才的社会需求。

编 者

2017 年 5 月

图书在版编目(CIP)数据

Flash精选项目制作应用 / 张莉莉，莫新平，赵楠主编. -- 北京：中国书籍出版社，2017.5

ISBN 978-7-5068-6189-2

Ⅰ. ①F… Ⅱ. ①张… ②莫… ③赵… Ⅲ. ①动画制作软件 Ⅳ. ①TP391.414

中国版本图书馆CIP数据核字(2017)第116585号

Flash精选项目制作应用

张莉莉　莫新平　赵楠　主编

责任编辑　禚　悦
责任印制　孙马飞　马　芝
封面设计　陈子妹　应敏珠　邓　坤
出版发行　中国书籍出版社
地　　址　北京市丰台区三路居路97号（邮编：100073）
电　　话　（010）52257143（总编室）　（010）52257153（发行部）
电子邮箱　eo@chinabp.com.cn
经　　销　全国新华书店
印　　刷　青岛鑫源印刷有限公司
开　　本　787 mm × 1092 mm　1 / 16
字　　数　168千字
印　　张　11.5
版　　次　2017年5月第1版　2017年5月第1次印刷
书　　号　ISBN 978-7-5068-6189-2
定　　价　38.00元